U0175154

本专著为2020年度教育部人文社会科学研究规划基金项目《基于乡土文化元素的"美丽乡村"景观营造研究》（项目编号：20YJAZH099）的阶段性研究成果。

九州文库

乡土文化元素与乡村景观营造研究

王光利 著

九州出版社
JIUZHOUPRESS

图书在版编目（CIP）数据

乡土文化元素与乡村景观营造研究／王光利著．－－
北京：九州出版社，2021.12

ISBN 978-7-5225-0640-1

Ⅰ.①乡… Ⅱ.①王… Ⅲ.①地方文化—影响—乡村
—景观设计—研究—中国 Ⅳ.①TU986.29

中国版本图书馆 CIP 数据核字（2021）第 232361 号

乡土文化元素与乡村景观营造研究

作　　者	王光利　著	
责任编辑	刘　嘉	
出版发行	九州出版社	
地　　址	北京市西城区阜外大街甲 35 号（100037）	
发行电话	（010）68992190/3/5/6	
网　　址	www.jiuzhoupress.com	
印　　刷	唐山才智印刷有限公司	
开　　本	710 毫米×1000 毫米　16 开	
印　　张	14.5	
字　　数	193 千字	
版　　次	2022 年 1 月第 1 版	
印　　次	2022 年 1 月第 1 次印刷	
书　　号	ISBN 978-7-5225-0640-1	
定　　价	95.00 元	

目 录
CONTENTS

第一章

绪　论

中国的农耕文明历史悠久。早期农业在距今 10000—8000 年前就已形成了北方以"粟"为代表的旱作农业和南方以"水稻"为代表的水田农业两大系统。仰韶文化和龙山文化早在 5000 年前已开始从以渔猎为主的原始生活状态逐渐过渡到以农耕生产为主的生活状态。据历史考证，农耕文明首先在温暖湿润、土地肥沃、水源充足的黄河中下游地域萌芽并逐渐向其他地区扩展，自此农耕文明的烙印深深嵌入中华文明的基因之中。

中国著名社会学家、人类学家费孝通先生在《乡土中国》一书中指出，"从基层上看去，中国社会是乡土性的"①。这是从社会学、人类学、民族学及历史学的角度对中国社会根本属性的客观判断。由于中国是以农耕文明为主要特征的社会，乡土性的根基无疑在衰落。费孝通认为"中国农民聚村而居的原因大致说来有以下四点：一、每家所耕的面积小，所谓小农经营，所以聚在一起住，住宅和农场不会距离得过分远。二、需要水利的地方，他们有合作的需要，在一起住，合作起来比较方便。三、为了安全，人多了容易保卫。四、土地平等继承的原则下，兄弟分别继承祖上的遗业，使人口在一个地方一代一代地积起来，成为相当大的村落。"② 村落一旦形成，无论是三家村起还是几千户的大村，随着时间推移，根植于此的风土人情、自然人文景观便以"乡土"之色牢牢烙在生于斯长于斯的每个人的心间。乡土文化既是那一方水土独特的精神创造和审美创造，又

---

① 费孝通. 乡土中国［M］. 上海：上海世纪出版集团，2003：6.
② 费孝通. 乡土中国［M］. 上海：上海世纪出版集团，2003：8.

是人们乡土情感、亲和力和自豪感的凭借，更是永不过时的文化资源和文化资本。

自英国发明家、企业家詹姆斯·瓦特于 1776 年制造出世界上第一台有实用价值的蒸汽机后，一系列机械工业技术的突破或革命引起了从手工劳动向动力机器生产转变的重大飞跃，西方工业革命（The Industrial Revolution）正式开启。工业革命不但是资本主义发展史也是世界发展史上的一个重要阶段，它实现了人类从传统农业社会向现代工业社会的重要变革，城市化进程也伴随着工业的发展而逐步进入高速发展期。目前欧美发达国家的城市化率已超过 80%。然而随着城市化水平的提高，面对城市交通拥堵、贫富差距扩大、城乡发展不平衡、犯罪增长、污染严重等城市与社会问题的压力日渐增大，自 20 世纪初德国等西方发达国家开始进行乡村振兴规划与开发。德国的乡村变革更新自 20 世纪 90 年代开始逐步融入了更多的科学生态发展元素，乡村的生态价值、文化价值与休闲价值被提升到和经济价值同等的重要地位，乡村的可持续发展得以实现。

中国自 20 世纪 70 年代末改革开放以来，随着经济发展与工业化程度的提高以及逐步放开原有对人口流动的控制，大量农民工流向了城市，中国的城市化进程逐步加快。伴随城市化进程的加快，中国广大乡村由于人口流失、经济发展乏力、环境污染等原因，整体风貌越来越成为社会发展的短板与瓶颈。

面对乡村的发展困境，为了振兴乡村、建设美丽家园，中国政府出台了一系列政策与措施。2012 年 11 月党的十八大报告明确指出："建设生态文明，是关系人民福祉、关乎民族未来的长远大计。面对资源约束趋紧、环境污染严重、生态系统退化的严峻形势，必须树立尊重自然、顺应自然、保护自然的生态文明理念，把生态文明建设放在突出地位，融入经济建设、政治建设、文化建设、社会建设各方面和全过程，努力建设美丽中国，实现中华民族永续发展。"① 2014 年中共中央、国务院印发的《国家新型城镇化规划（2014—2020 年）》明确提出要大力改善农村人居环境、建设美丽乡村，美丽乡村建设覆盖农村环境保护、安居乐业、生产生活、文化卫生等诸多方面。至此美丽乡村、美丽中国等成为政府振兴乡村、提升国民生活质量的重要执政理念。2013 年农业部提出创建宜居、宜业、宜游的"美丽乡村"的要求，在全国各省市推选了 1000 个试点单位首先开始美丽乡村建设工作，同时发布《关于开展"美丽乡村"创建活动的意见》。自此生态文明体制改革逐步加快，建设美丽中国成为一种时不我待的社会共识，成为中华民族伟大复兴的重要内容。"美丽乡村"建设是实现民族复兴的重要内容，也是实现"美丽中国"目标的基础。整体改变乡村生产方式、村居村貌及村民生活习惯，改良土壤，发展生态绿色农业是乡村经济、政治、文化、社会和生态文明"五位一体"全方位建设和全面发展的应有之义。

乡土文化是原始情感与理性融合而成的一种文化形态，而乡土文化景观是乡村历史文脉的传承与对场地记忆的延续。然而，随着社会技术发展和生产方式全球化，人类与传统意义上地域空间之间的关系发生重大变化，人类与地域空间可以直接分离，具有地域特色的文化特色渐渐消逝。在此背景下，作为乡土情怀载体的景观面临着诸多困境。一方面，旧有的文化景观随着岁月的冲刷逐渐消失，得不到应有的保护与修缮；另一方面，在新景观的设计与营造中丢失了本应具有的乡土文化意象与实用价值，没有重视和保留文化内在的和地域性的特色。更有甚者只是照搬原先文化形式，机械仿造，没有与时俱进融入新的时代元素，致使新景观脱离时代与乡土嬗变的自然规律，最终成为与乡土整体环境格格不入的异类。

基于复兴乡土文化与传统文脉，建设美丽乡村，营造优良生活环境，

---

① 坚定不移沿着中国特色社会主义道路前进　为全面建成小康社会而奋斗［EB/OL］．人民网，2012 - 11 - 09.

满足人们归属感和精神需求的目标，著者首先从乡土文化元素及乡村景观的概念入手，运用文化人类学、美学、艺术学、环境学的理论与方法，概括乡土文化元素及乡村景观的特征、元素及价值，系统分析乡土元素与景观设计间相互作用、相互影响的辩证关系。其次，通过文献研究法、比较分析法及实践调查法，掌握当前新农村景观规划建设中存在的问题并对此进行剖析，在此基础上阐述乡土景观设计中乡土文化元素的植入原则、方法和思路，探讨乡土文化在景观设计中的具体应用方法和步骤以及融合创新与再造的思路。最后，尝试探讨新技术对未来美丽乡村人文景观设计营造的影响，以及如何运用新技术提升乡村景观的设计营造水平，为早日实现美丽乡村建设探出新思路、新方法。

第二章

研究述评

第一节　国内相关研究述评

一、国内总体研究概况

中国乡村建设的理论与实践自 20 世纪 20 年代至 2019 年走过了近百年的历史，振兴乡村始终是中国人民的不懈追求。21 世纪以来随着城镇化速度的加快，广大乡村出现了"空心化"与逐渐被边缘化的趋势，发展动力不足、生态环境脆弱等成为制约全面建成小康社会的重要因素。自党的十八大报告中提出建设"美丽中国"战略以来，特别是党的十九大提出"乡村振兴战略"之后，以生态文明为核心的美丽乡村建设与发展，逐步成为美丽中国建设的重要组成部分。美丽乡村建设对"空心村"整治、农村人居环境改善、乡村空间重构、缩小城乡差距和城乡一体化发展都具有重要的现实意义。目前我国美丽乡村建设的研究还处于起步阶段，高水平成果稀少，核心期刊文章也较少，理论研究及分析深度亟待进一步加强。

乡土文化是特定地域内各种文明及生态的总和，它反映了人们的基本认知，其存在方式呈现松散状态。学者纪德奎认为，从历史角度来看，城市化发展过快，城乡差距大，导致乡土文化自信缺失现象加重。① 刘铁梁则认为民俗文化是乡土景观的灵魂所在，是村落的记忆。② 乡土景观是动态变化的，具有经济、生态、美学等价值。

国内虽然对乡村景观的设计研究与欧美国家相比起步较晚，但近年来越来越多的学者进入到这一领域的研究之中。关于中国乡村景观研究的文献也逐年增加。20 世纪 80 年代，学者们开始研究农业景观，乡土景观研究逐渐兴起。20 世纪 90 年代，传统村落景观成为研究热点。乡土景观研究涉及景观生态学、社会学、美学、文化地理学、风景园林学等方面，但对于乡土景观内涵、范畴的界定没有形成统一认识。目前，国内学者在乡土景观规划与设计、乡土生态保护与修复、乡土景观营造、乡土技术利用及乡土景观评价等方面积累了一些研究成果。对于乡土景观元素的分类、研究视角及方法都有涉猎，但都较为粗略，需要进一步研究。虽然乡村旅游发展、美丽乡村建设对于乡土景观是利是弊在学术界还存在争议，但多数学者认为乡土景观建设为乡土旅游的发展提供了契机、奠定了基础。

二、关于乡土文化建设研究

有一部分学者从精神文化角度剖析乡土文化建设内涵并展开相关探讨。有学者认为必须全方位立体化地进行乡土文化建设，避免片面化，只有在深入系统地对乡土文化进行挖掘和剖析的基础上才能较好地对乡土文化建设进行规划与实施。乡土文化的精髓是根植于本乡本土的精神内涵，主要体现在思想、道德、科学、艺术和体育等层面，因而从独具特色的乡村文体艺术、道德、宗教、体育、教育、科学等层面来剖析乡土文化内核

---

① 纪登奎，孙春晓. 乡村教育与乡土文化的疏远与扭转——基于对"文字上移"运动的反思 ［J］. 天津师范大学学报（基础教育版），2018（1）：1-4.

② 刘铁梁. 村庄记忆——民俗学参与文化发展的一种学术路径 ［J］. 温州大学学报（社会科学版），2013（5）：3-12.

与外在表征十分必要，同时也是一项水准较高、难度较大的系统工程。除了精神层面的建设外，一些学者如马仙玉等人认为不能仅仅局限于精神文化层面的建设，还需要从制度和物质等方面来剖析、规划与建设，从而实现新农村乡土文化建设的全面发展，从精神、物质、制度三个方面来落实乡村文化的建设更加客观实际。① 他们认为法律法规、基础设施以及道德文化等方面对于乡村文化建设都必不可少，如果只注重一个方面的建设而偏废其他方面，最终的效果必然不佳。

乡风是乡里的风俗与风气，乡风文明对于乡土文化的建设而言更加重要。学者徐平认为在新农村文化建设中必须将物质文化和精神文化有机结合起来，乡风文明建设不可或缺。② 由于乡风影响着人们的行为习惯、思维定式等多个方面，因此，从某种意义上而言，乡风文明的建设是整个乡村文化建设是否能够顺利开展并落实的关键所在。如果一个地方的民风不好，则难以想象在这里能够建设好乡村文明。一个地方如果有良好的教育基础与风尚，那么就具备了较好的乡村文化建设基础。毛菊、于影丽认为乡村教育是乡土文化建设和发展的土壤。③ 各个地方虽然发展不平衡，教育水平参差不齐，但教育对于文明建设的重要性是相同的。特别是在社会转型时期，乡村内由于各种原因，存在着许多的矛盾，在此背景下乡村教育必须被重视起来。良好的教育对于提高道德水平、科技文化素养以及专业技能等至关重要。通过教育，人们的道德水平、文化素养及技能都能得到提高，那么乡土文化建设就具备了良好的基础。相反，如果乡村教育基础薄弱，乡村文化建设就难以顺利展开。

乡村文化的主体虽然在乡村及村民，但在实践中政府所起的作用也不容小觑。朱学军认为自从 20 世纪中华人民共和国成立后，在各级政府的推

---

① 马仙玉. 传统村落文化保护与治理研究 [J]. 未来与发展，2016 (5)：5，24 – 26.

② 徐平. 解放思想与文化深层意识的觉醒 [J]. 人民论坛，2018 (33)：142 – 144.

③ 毛菊，于影丽. 乡村教育与乡村文化研究：回顾与反思 [J]. 教育理论与实践，2011 (22)：12 – 15.

动下历经多次移风易俗热潮，乡土文化建设客观而言取得巨大成果，但与人们的期待相比仍然存在较大差距。① 从政府层面而言，存在的问题主要包括以下几个方面：首先，地方政府与中央政府在乡土文化建设方面的出发点、目标、思维、力度、政策措施等诸多方面存在不同步、不协调的现象。例如，中央政府虽然强调乡土文化建设的重要性，但在设立相应主管部门、经费保障等方面仍然滞后。其次，地方政府对乡土文化建设的重视程度、积极性不高等都制约了乡村文化的建设与发展。村组织受到各方面制约，只是片面追求物质财富发展，将脱贫致富视为乡村建设最重要的事情，而对乡村文化建设不重视，或者没有能力去关注，基层组织缺乏文化建设的基本功能。再次，农民由于文化水平普遍较低，忽视或不重视精神文化追求，缺乏正确的文化观，只是一味地追求物质财富积累与享受，助长了一些不文明现象的出现与蔓延，成为阻碍乡土文化建设的重要因素。另外，缺乏专业人士的支持、乡村公共文化设施落后、乡村信仰体系紊乱等也是重要原因。

乡土文化制度建设也是一个重要研究领域。张顺畅与李云两位学者认为城乡分治、城乡二元化导致乡村文化体制改革面临极大阻碍，乡村缺乏完善灵活的投资机制以及城市体制对乡村体制的建设存在负面影响等几个方面成为乡土文化建设面临的现实问题。② 一方水土养一方人，每个地域都有属于自身的特色文化形式。有些地方交通闭塞、信息落后，例如，云贵川地区的山区相对而言比较闭塞，与外界交流较少。这些地区的文化和风俗与现有先进文化之间格格不入，江泳辉认为这些地区的文化建设面临更多的困难，一是由于历史原因，乡村宗族意识十分强烈，法律制度对其

---

① 朱学军. 全面建设小康社会背景下的乡村文化建设研究——对十七届五中全会有关乡村文化建设内容的思考 [J]. 辽宁医学院学报（社会科学版），2011（3）：4 – 6.

② 张顺畅，李云. 乡村文化建设的体制性制约及对策 [J]. 邵阳学院学报，2006（3）：12 – 14，33.

约束效力不如宗规祖规。二是由于文化教育水平不高，科学知识与思维相对欠缺，普通村民封建思想、迷信思想较为严重，信鬼信巫现象普遍存在，许多根深蒂固的陋习、恶习难以在短时间内消除。三是农村农民受几千年陈腐观念的影响，生育观念强调多子多福，生活观念注重小富即安。其浓厚的小农意识难以与现代社会观念产生共鸣，先进的文化理念难以在乡村立足。这些问题的存在阻碍了乡土文化的建设与发展。①

关于如何提升乡土文化建设，部分学者对此进行了研究并有针对性地提出了自己的观点和建议。江泳辉从文化建设的指导方针和指导思想这个角度进行了相关研究。他认为必须坚持正确的方向，坚持以科学发展观指导乡土文化建设。② 部分学者从乡土文化人才培养、引进与农村法制文化建设角度进行剖析与研究。何兰萍建议建立乡村人力资源培养专项机制，建立城市和乡村人才反哺计划，乡村中文化精英的培养应该与城市精英的培养区分开来，因为不同的环境需要不同类型的人才，城市培养的精英难以在乡村扎根，反之亦然。③ 法制建设是许多学者关注的研究领域，吴访非等认为必须通过普及法律知识加强乡村的法制宣传教育，提高农民法律意识，引导群众在维护自身合法权益的时候适用法律、善用法律，同时建立起完善的农村基层村务公开机制，使乡村文化建设走上正轨并获得制度保障。④

三、其他方面

在乡村振兴与美丽乡村的建设过程中，民宿建设成为一个热点。目前

① 江泳辉. 关于农村文化建设的理性思考 [J]. 湖南行政学院学报，2005 (4)：56 - 57.
② 江泳辉. 关于农村文化建设的理性思考 [J]. 湖南行政学院学报，2005 (4)：56 - 57.
③ 何兰萍. 公共文化生活空间与农村文化建设 [J]. 江西师范大学学报（哲学社会科学版），2011 (2)：8 - 13.
④ 吴访非，王慧丽，贾艳婷. 新农村法制环境建设初探 [J]. 沈阳建筑大学学报（社会科学版），2007 (3)：329 - 331.

乡村民宿的发展研究、乡村民宿的文化研究、乡村民宿的旅游研究、乡村民宿的经营改造研究等是国内学者研究的重点与热点。此类研究整理总结了当前民宿的发展现状，认为民宿设计要基于文化特色，依托乡村独有的人文环境、历史文化以及传统建筑，在民宿发展中要重视建立民宿品牌、发展绿色产业、融合当地文化。

在美丽乡村相关研究方面，学者张艺能在《美丽乡村背景下乡村景观营造创新理念与实践探析》中认为美丽乡村是美丽中国的重要组成部分，美丽乡村建设进一步推动了农村生态文明的建设。文章以美丽乡村建设为背景，探讨乡村景观营造面临的相关问题与实践思考。该论文首先分析了乡村景观营造的概况和创新特点，然后从文化、生态、宜居、配套、艺术五个方面阐述乡村景观营造的创新要素，最后通过西洋村景观设计实例进一步解析乡村景观营造理念和表达手法。① 杨文君、张凯云在《美丽乡村建设背景下农田边界景观营造初探》中以农田边界为切入点，阐述了农田边界的内涵、构成要素及其功能，并探讨了美丽乡村建设背景下农田边界景观当前存在的问题。该文同时从地方政府和乡村自身两个层面探索了农田边界景观营造的策略问题，以重塑人们对农田边界在乡村景观中的感知价值。② 其他文章如吴鹏的《美丽乡村建设中的乡土景观空间营造分析》、冯蕾的《美丽乡村建设总体规划及景观设计与研究——以武宁县巾口乡北栎安置点为例》、帅志强与叶华钦的《美丽乡村视域下乡土文化的传播策略和发展路径——以福建嵩口古镇为例》等对美丽乡村的内核、建设原则及时代背景都进行了相应阐述。

---

① 张艺能. 美丽乡村背景下乡村景观营造创新理念与实践探析 [J]. 住宅与房地产, 2020（12）：60-62.

② 杨文君, 张凯云. 美丽乡村建设背景下农田边界景观营造初探 [J]. 江苏建筑, 2018（4）：16-18.

第二节 国外相关研究述评

欧美西方国家关于景观的研究始于 19 世纪下半叶。建筑与人类的关系十分久远，人们对文化与建筑之间关系的研究是文化与景观关系研究的先声。欧美国家在经历 20 世纪初"国际式"建筑思潮之后，大工业化生产、千篇一律的国际式建筑风格遭到了质疑，人们逐渐认识到这类建筑虽然能够较快地改善人类居住环境，但建筑本身忽略了人的精神需求，抹杀了地域文化特性与多样性。欧美建筑师开始运用对地域主义的设计探索与追求作为武器批判国际式标准化建筑。在这一特定历史时期内，许多人对地域特性的探索取得不少成果，例如，芬兰建筑师阿尔瓦·阿尔、印度建筑师查尔斯·马克·柯里亚、墨西哥建筑师路易斯·巴拉干、埃及建筑师哈桑·法赛托等都是这时期的杰出建筑师代表，他们在探索建筑的地方性特征方面做出了巨大贡献，同时也为地域文化或地方文化元素融入当地建筑提供了理念与实践方面的有益探索。20 世纪初期文化景观概念首先被施吕特尔引入研究领域，并且对文化景观进行了界定。文化景观是种群文化和自然景观共同作用形成的结果，文化是动因，自然是载体。20 世纪 20 年代加利福尼亚大学伯克利分校的卡尔·奥特温·苏尔（Carl Ortwin Sauer）教授明确将文化景观（Cultural Landscape）列入景观研究的核心内容。随后学者苏尔、索尔（Sauer）等人创立了文化景观学派。身为苏尔弟子的美国地理学家惠特尔西（Whittlesey）对文化景观做了进一步研究与阐释。由此而知，文化景观这一概念的提出是地理学研究的延伸或拓展，本质是从地理学与文化学的角度分析景观。文化景观是人类有意识改变的景观，是升华了的自然景观。地面景色或地面景观反映了地理特征，通过文化景观来研究文化地理，文化景观与文化地理之间具有较高的关联度。

实践层面，捷克、德国等欧洲国家20世纪五六十年代开始对农村景观规划设计进行研究。德国自1961年开始通过举行美化乡村比赛来激发居民积极投入美丽家园建设，并在设计和规划中注重对人文关怀元素的引入与设计。意大利从2000年开始通过建设被称为"没有墙的博物馆"的乡村"生态博物馆"，将本土自然景观、历史文化以及民俗风情等元素整合在一起进行保护与展示。在亚洲，日本自20世纪90年代开始以复兴乡村文化艺术为主题推出"一村一品"乡村建设方式，并通过举办各种各样的乡村景观竞赛活动展开乡村建设。

对建筑文化保护的关键是保护建筑内蕴的历史文化，而不是局限于对单体建筑的保护。传统建筑文化和现有文化之间要保持平衡，使二者形成良好的交流关系。1992年12月"文化景观"被纳入《世界遗产名录》第四种遗产类型，随后学术界对文化景观的研究更加火热。

民宿是指专门为外出郊游或远行的旅客在乡村提供的个性化住宿场所。欧洲是乡村民宿的发源地，国外学者对乡村民宿的研究也比较成熟。研究对象不仅包含住宿者和经营者，还包含管理者。民宿产业早已脱离仅仅提供餐点和住宿的原始方式。民宿产业中时间、空间、社会三个层面的关系成为研究热点。

通过对已有研究成果的梳理，发现还存在以下五个问题：一是乡土元素及乡村景观的概念、边界等学界还没有达成共识，亟须进一步研究界定。二是无论理论还是实践层面国内与国外相比存在巨大差距，特别是符合国情的相关理论体系建设更需国内学者奋起直追。三是与本课题紧密相关的专著极为少见。四是乡土元素与乡村景观之间、保护与发展之间的辩证关系亟须研究厘定。五是乡土元素与景观营造之间如何融合创新，目前虽有尝试，但与建设美丽乡村的目标存在巨大差距。此类诸多问题需进一步探究，此为本专著立论的基础。

第三章

美丽乡村人文景观的构成及价值内涵研究

第一节 乡 土

　　"乡土"一词在《辞海》中解释为"家乡、故乡"①。《当代汉语词典》中对于乡土的解释不但有家乡、故土之义,还有地方、区域之义②。乡土人文、乡土风俗、乡土植物、乡土建筑、乡土景观、乡土菜、乡土文学等都是与乡土这一概念特定含义相联系的名称或事物,由此得知乡土包含的意义十分广泛。"乡"字始见于商代甲骨文,其古字形似二人面对着盛满食物的器皿,表示二人相向而食。乡的本义是相对饮食,泛指聚餐,是"飨"的初文。由相对而食引申为趋向、朝向。这个意义后来写作"向"。许慎《说文解字·卷六》:乡(乡),国离邑,民所封乡也。啬夫别治。封圻之内六乡,六乡治之。"段玉裁《说文解字注》注释曰:"国离邑。离邑,如言离宫别馆。国与邑名可互称,析言之则国大邑小,一国中离析为若干邑。民所封乡也。"《释名》曰:"乡,向也,民所向也。"

　　现代意义上,"乡"是一个相对固定、有一定范围限制的地域,是一个人或一群人出生长大、具有特定自然与社会环境的地方。社会学意义的

---

① 辞海编辑委员会. 辞海(上)[M]. 上海:上海辞书出版社,1979:218.
② 当代汉语词典编委会. 当代汉语词典[M]. 北京:中华书局,2009:1563.

"乡"里有最熟悉的亲朋好友、喜欢的生活习俗、钟爱的美食、美丽的自然风物等。乡一般意义上是与城市相对的一个概念。

"土"字始见于商代甲骨文及商代金文，其古字形像地面上的土堆或土块。"土"的本义为土地，又指土壤。由土地引申为家乡，又指本地的、地方的，由此又引申为出自民间的、民间产出的。此外，土还指不合潮流的或不开通的。土是汉字部首之一，用"土"作意符的字主要包括：（1）土的种类。如地、壤、尘、埃。（2）田间的工程。如垄、埂、堤、塘。（3）建筑物。如城、塔、墓、坛。（4）房屋的部分。如基、址、垣、墙。（5）疆界。如境、域、塞。

许慎《说文解字》对"土"的解释是吐生万物的土地。"二"像地的下面，中间一竖像万物从土地里长出的形状。秦篆的"土"字仅仅是金文"土"字的发展。在金文中，开头是把甲骨文填实。后来土堆之形或写作一竖画，或在竖画上加一点。所加之点拉伸为一横，便成为土字后来规范的写法。在甲骨时代，"土"往往用作祭祀的对象，或是"土神""社神"。"土"是社的本字，后来加上"示"旁，就成了"社"。在古代，"土神"与"社神"之间有紧密的关系。"天子祭天，诸侯祭土。"（《公羊传·僖公三十一年》）。

在古代文献中"土"主要包括下面几层意思：（1）地面上的泥、沙混合物。如《荀子·劝学》："积土成山，风雨兴焉。"（2）田地，土地。如《周易·离卦》："百谷草木丽乎土。"（3）国土，领土。如韩愈《感二鸟赋》序："某土之守某官，使使者进于天子。"（4）指地方，地区。如《诗经·魏风·硕鼠》："逝将去女，适彼乐土。"（5）尘土。如王褒《九怀·陶壅》："浮云郁兮昼昏，霾土忽兮坱坱。"（6）家乡，故乡。如《汉书·叙传上》："（高祖）寤戍卒之言，断怀土之情。"（7）指土著，原住民。如《南史·恩幸传·纪僧真》："初，惠开在益州，土反，被围危急。"（8）本地的，具有地方性的。如《水浒传》第十三回："两个都头领了台旨，各自回归，点了本管士兵，分投自去巡察。"（9）土著，土产，土话来自民间的，民间沿用的，非现代化的（区别于"洋"）。（10）不合潮流，不开通。如高云览《小城春秋》："他似乎有点粗俗，有点土头土脑。"

"乡"与"土"二字相连较早见于《列子·天瑞》："天下失家，莫知非也。有人去乡土、离六亲、废家业、游于四方而不归者，何人哉？世必谓之为狂荡之人矣。"其意是指天下的人都抛弃了家庭，却没有人知道反对。有人离开了家乡，抛弃了亲人，荒废了家业，到处游荡而不知道回家。此处的乡土一词是指家乡的土地，借指家乡及其风俗旧物。乡土的基本含义是本乡本土、人们出生的故乡。古文献中乡土有两个基本含义。一是家乡，故土。如封演《封氏闻见记·铨曹》："贞观中，天下丰饶，士子皆乐乡土，不窥仕进。"这里是指士子喜欢自己的家乡而不愿离开。二是地方，区域。如曹操《步出夏门行》中"乡土不同，河朔隆寒。流澌浮漂，舟船行难"之"乡土"二字指的就是地方或地域。

英文中的"乡土"最早来源于拉丁语，意思是土生土长的奴隶，在翻译英文"乡土"时中国学者一般从两个角度来进行翻译，一是将乡土翻译为与语言相关的"本地话"或"方言"，二是将"乡土"翻译为人或物所在的地区。英文中没有与乡土完全对应的词汇，较为相近的是与建筑层面较为相关的"Vernacular"一词。Vernacular本义是指在某一领地内某一房子中出生的奴隶，具有一个时期、场所或群体的特征的含义。Vernacular的名词性含义包括本国语、土语、方言、俗语，与汉语乡土相似，Vernacular指的也是一个人长期生活的地方，与之相关的人文风情、生活习俗、生态环境以及社会关系等构成了其本质内涵。

一个人如果从出生到青少年时期长期生活在一个地方，故土或乡土都在其心中留下不可磨灭的印记，这就是所谓的乡土情怀或乡土意识。乡土意识包括故乡情结、民族或部落部族意识、精神家园意识等。从历史角度而言，乡土意识是指在某一历史时期内乡村社会大多数成员中普遍流行的民众意识，意识主体是农民群体。乡土群体意识形成的基础是乡村社会的经济关系、政治关系和精神环境。由于在文化传承过程中意识主体受到心理素质和人格特点的制约与影响，乡土群体意识成为普通老百姓思考方式和行为的基本准则之一。

"乡土"一词近几年在中国颇为流行，与乡土相关的事物也层出不穷。乡土艺术、乡土景观、乡土文化、乡土资源、乡土风情、乡土文学、乡土小说、乡土旅游、乡土社会等成为与乡土相关的新术语或新现象。这些术语与现象都与农村或乡村紧密相关，但客观上乡土具有更宽广和更厚重的文化特征，与农村和乡村不能画等号，它们之间具有一定的差异性。首先，"乡村"较之"农村"具有更完整的内涵和文化意蕴。不同于城市、城镇，农村是指以从事农业生产为主的劳动者聚居，同时具有特定自然景观和社会经济条件的地方或区域。农村以农业产业或第一产业为主，包括各种农场、园艺、蔬菜生产、畜牧饲养场、水产养殖场、林场等。

乡村泛指农业生产地区人类各种形式的居住场所，如村落或乡村聚落。乡村一般风景宜人，空气清新，较适合人群居住，民风淳朴。乡村又称非城市化地区，通常是指社会生产力发展到一定阶段后产生的、相对独立的、具有特定经济生产方式和自然景观特征的地区综合体。乡村在古代亦作"乡邨"、村庄。南朝谢灵运《石室山诗》"乡村绝闻见，樵苏限风霄"中的"乡村"就是此意。村落一般是指具有农舍、牲畜棚圈、仓库场院、道路、水渠、宅旁绿地等的农业人口聚集地，包括特定环境和专业化生产条件下的附属设施。就地域空间而言，农村和乡村通常可以互用，但在提及乡村时，由于种种原因，人们常常会联想到乡村美丽的自然风光、意趣盎然的民间风俗、闲适惬意的田园生活等。当提到农村时，人们常常将农村与"贫穷、落后、封闭、脏、乱"的印象联系在一起。不言而喻这体现了人们从情感与认知方面对乡村与农村认知与感受的差异。乡村一词包含了浓浓的情感与诗意想象，而农村一词所包含的内容则侧重负面与物质的层面。相比而言，乡土与乡村在人们印象中相似度更高一些，乡土不但包含了浓浓的情感与诗意想象，而且包含了深厚的文化意蕴。但乡土与乡村相比较，给人的感觉是乡土比乡村范围更宽广、文化更厚重。在人们的潜意识中"乡土"二字更能突出乡村的文化底色与人文情怀的乡土性。在现实生活及文学作品、散文杂记及一般场合中，人们更习惯用"乡土观念"代替"乡村观念"，用"乡土情结"代替"乡村情结"，用"乡土风俗"代替"乡村风俗"，用"乡愁"代替"村愁"，根由是乡土与乡村在人们潜意识中具有不同的意蕴。乡土具有浓厚的人文情怀、文化底蕴、文化气质和文化尊严。

由于乡村或乡土具有包括经济、政治、社会、生态和文化的完整内涵，中国著名思想家、哲学家、教育家、国学大师、主要研究人生社会问题的梁漱溟先生根据中国的历史、社会制度与现实基础，认为中国社会的基础和主体是乡村，而不是所谓的帝都与城池。中国的社会制度、礼俗、文化、法制、工商业等无不从乡村而来，又为乡村而设。[①] 自三皇五帝时代直到近现代，无论北方还是南方，中华文化与文明都是以乡村为根基、以乡村为主体逐步建立与发展起来的。

费孝通是中国著名的社会活动家与社会学家。他早年就树立了"志在富民"的理想，并利用一切机会接触社会变革的实际，深入探讨城乡关系问题、区域发展问题、边区与少数民族地区发展问题、中国乡镇企业和小城镇发展问题等，在社会学领域发表了许多推动社会变革、具有广泛社会影响的论著。《江村经济》《乡土中国》《皇权和绅权》《文化论》《人文类型》等是费孝通社会学领域的经典之作。1910 年 11 月（清宣统二年）费孝通出生于苏州府吴江县一个重视教育的知识分子家庭。六岁入吴江县城的第一小学，后转入振华女校就读。1923 年，转入东吴大学附属一中。

---

① 马良灿.乡土重建的社会组织基础——论梁漱溟乡村建设理论与实践的社会学转向
[J].社会科学战线，2018（5）：232－245.

1924 年开始发表文章。费孝通一生大部分生活在中国农业生产占据主流地位的时代，虽然他是一位知识分子与学者，但他与中国基层社会的联系十分紧密，因而他对中国的现实境况有着独到而深刻的认识。费孝通在《乡土中国》一书中的开篇部分就开宗明义地指出，从基层上看去，中国社会是乡土性的。① 乡土不只是外在空间的表达，从某种角度而言更是内在生活的表征。费孝通将中国社会性质断定为乡土社会，而构成中国乡土社会的基础单位就是村落。在中国几千年的历史中，无论南方还是北方，村落都是社会最基础的单元。究其根源，中国是以农业生产为主的农耕社会。

　　以村落为基本领域的乡土社会生活富有地方性特色。费孝通认为"这种地方性的限制使得乡土社会成为没有陌生人的'熟悉'的社会"②，可称之为"熟人社会"。在封闭的"熟人社会"里，维持乡土社会秩序所用的力量不是国家法律或朝廷王法，而是所谓的乡村规矩。规矩有三层含义，一指规和矩。如《荀子·礼论》："规矩诚设矣，则不可欺以方圆。"二指规则、礼法。引申为人的言行正派、老实。如《红楼梦》第七回："亲友知道，岂不笑话咱们这样的人家，连个规矩都没有？"三指成规、老例。如《官场现形记》第三十一回："如今我拿待上司的规矩待他，他还心上不高兴。"这里的规矩就是指惯例或老例。费孝通认为"规矩是习出来的'礼俗'"③。在乡土社会维持"礼"这种规范的是传统，是乡土社会一代一代积累起来的帮助人们生活的方法。如乡村乡规民约、伦理道德、宗法家规、处理人与自然关系的价值观念等。"礼俗"通过一代一代的教化使乡土社会秩序得以维持，因而乡土社会也被称为"礼治社会"。费孝通认为"乡土社会是一个生于斯，长于斯，死于斯的社会"④。

　　现代新儒家的早期代表人物之一、有"中国最后一位大儒家"之称的

---

① 费孝通. 乡土中国［M］. 上海：上海世纪出版集团，2003：1.
② 费孝通. 乡土中国［M］. 上海：上海世纪出版集团 2003：9.
③ 费孝通. 乡土中国［M］. 上海：上海世纪出版集团，2003：46.
④ 费孝通. 乡土中国［M］. 上海：上海世纪出版集团，2003：6.

梁漱溟认为传统中国社会是伦理本位的社会。伦理是人伦道德之理,指人与人相处的各种道德准则。中国人实存在于各种关系之上。各种关系,即是种种伦理。随着一个人年龄和生活之展开,而渐有四面八方若近若远数不尽的关系。从某种意义上而言,关系皆是伦理。伦理虽然始于家庭,但不止于家庭,它浸润于社会的每个层面。由于中国的历史非常久远,社会结构复杂,各种思想都对社会有一定影响,因而难以用一个术语概括整个社会风貌,也难以用一个术语概括乡土社会的整体风貌。著者认为中国乡土社会既具有"熟人社会""礼治社会"的社会结构模式,又具有"伦理本位"的社会结构模式,乡土性、封闭性、存续性和保守性是其特征。

乡土社会的"乡土性"特征首先表现为人与空间关系的非流动性或固化。乡土社会谋生讨生活的方式非常单一,除了"直接取资于土地",大多数村民利用自然存在的土地等资源从事农业耕作,以获取基本生活物资。从自然地理条件看,中国几乎所有的大江大河流域都是农业区域,或以种植水稻为主,或以种植小麦为主。由于各种缘由,人们可以从一个区域迁徙至另一个区域(北方或南方,平原或山区),但其生存方式仍然离不开农业,固守农业耕作是他们的宿命。即使是迁徙到并不适合农业种植的山区、牧区,或者出于本能,或者出于其他考量,人们也总是要开垦出片片农田向土地谋求生路。种田犁地是他们基本的谋生手段,他们世世代代依附于土地之上。由于耕种的土地不可搬动,地里的庄稼也不能随意迁移,安土重迁成为耕作农人的生活理念。人与空间关系的非流动性或固化在村民潜意识中逐渐根深蒂固。即使由于战火兵灾、江湖决口、瘟疫灾荒,即使由于人口不断繁衍而有限的土地难以养活过剩人口,而不得不背井离乡、远走他方,一旦找到合适的土地定居下来便很快开辟出一个新的"家族殖民地",并使原有的耕作生活再度重现并井然有序,与先辈无异。珍视土地、依赖土地是一种面对土地的适应、对待土地的方式、源于土地的伦理。在乡土社会中土地与生命密切相连、糅合在一起。在这种背景下乡土性社会结构的人际构成必然呈现为孤立和隔膜。

其次，地方性是乡土社会的另一个特征。乡土社会的人由于地理环境、交通、生产力水平、社会结构（如村落就是一种独特的社会结构）等因素被限制在一定的范围内，久而久之形成自身的独特性。所以，费孝通认为乡土社会的生活富于地方性，也就是具有地域性。地方性具有相对性。一个地方可以小到一个村落所包含的地理与社会环境，也可以包括一个自然乡、几个乡镇、几个县甚至是一个较大的地理范围。例如，黄河流域、长江流域、淮河流域都可以看作一个具有地方性的区域；西藏地区，由于海拔、天气、交通条件等方面的原因，我们完全可以把整个西藏或者藏族生活的广大区域视为具有地方性的区域。虽然这个区域土地面积、人口都非常庞大，但生活于其中的人却形成了一个相对固定、封闭、自足的所谓乡土社会。

再次，透明性是乡土社会的另一个特征。透明性是指彼此之间十分了解、没有秘密可言，因为相对狭小、封闭范围内的人们彼此之间非常熟悉。熟悉的意思是了解得清楚，清楚地知道。"熟悉是从时间里、多方面、经常的接触中所发生的亲密的感觉。这感觉是无数次的小摩擦里陶冶出来的结果。"① 有的人世世代代生活在一个地方，其乡邻也是如此，那么在漫长的接触中，邻里间彼此几乎没有秘密可言，祖孙三代的底细彼此十分了解。某年某月做过什么好事、某年某月做过什么坏事，男人女人什么脾气性格，彼此之间也十分清楚透明。从某种意义上而言，乡土社会秩序构建与维持所依靠的并不是现代工业社会理性化的力量，而是人们娴熟而有效地应对日常生活中各种问题时不断践履的"共有的习惯"。"熟悉"是人们日常生活中共同享有的资源。在长久的生活体验中，从容地去摸索和熟知周围的一切，在一个自己十分熟悉、没有陌生人的社会生活圈了解有限空

---

① 费孝通. 乡土中国 [M]. 上海：上海世纪出版集团，2003：10.

间内每个共同体成员的生活，成为解决生活中各种问题的基础与生存之道。

信任与亲密也是乡土社会的一大特征。由于彼此熟悉，人们自然而然从内心生成一种彼此间的信任并共享此信任。乡土社会的信任产生与维系的基础并不是现代理性社会中那种契约性信任，而是发生于对一种行为的规矩熟悉到不假思索的可靠性。在乡土社会中，人们不需要由法律给予保障的自由，也不需要由法律构建起来的关系秩序，他们需要的是彼此的熟知与信任。西方或现代社会中人与人之间的交往可以用合同、法律条文等建立合作信任，这与乡土社会人与人之间交往的模式迥异。客观而言，这两种模式难以分出优劣，它们是不同环境的自然选择。由于彼此之间熟悉，相互之间帮助，日久生情，因而在乡土社会中的人们彼此之间有一种亲情或亲密感。一旦熟悉并习惯于这种生活，对于这种生活的一切，包括时间、空间、关系、矛盾等都会产生一种亲切感。人是一种感情动物，人也是一种群居动物，街坊邻居在漫长的相处中，彼此之间都需要帮助，也需要情感的交流。逐渐建立起亲情的人，即使彼此之间有矛盾、利益冲突，甚至曾兵戎相见，但在历史长河的冲刷之下，亲情或亲密感会最终沉淀下来，成为乡土社会一种不可或缺的黏合剂。

第二节　乡土文化

一、乡土文化的界定及阐释

乡土文化是一定地域内长期居住在此的居民内生的一种与当地自然环境与社会生存环境相适应、具有地域特色的文化形态。中国的乡土文化源远流长，广大乡村是滋生培育乡土文化的根源和基因。中华民族以农业生产为生存的根本方式，农耕文化与文明源远流长。乡土文化是中华文化中极具特色的组成部分，是民族凝聚力和进取心的动力来源，也是民族得以繁衍发展的精神寄托和智慧结晶。乡土文化包括物质与非物质文化两大部分，二者都是不可替代的无价之宝。从组成上而言，乡土文化包含民俗风情、方言土语、传说故事、村规民约、家族族谱、古建遗存、名人传记、传统技艺、地方美食、古树名木以及具有文化气息的山川河流等诸多方面。

远古时期的农耕社会是乡土文化的起源时代。乡土文化的形成经历了一个漫长的过程，而文化基因与基本形态一旦形成，它就会在一定范围内传播并衍生出各式各样的文化形态。例如，北方以种植小麦为主、南方以种植水稻为主，南方与北方由于农耕作物的不同而衍生出不同的乡土文化。南北方乡土文化的差异体现在耕种方式、饮食习惯、烹饪手法、民俗风情等诸多方面。乡村社会中生于斯长于斯的群体，在传统农业社会中经过世世代代的传承形成了脉络清晰、内容丰富多样、具有系统化与整体性的乡村文化。乡土文化是一种能够对一个地域的自然、人文等生存哲学和生态景观进行全面阐释，且带有浓厚地方特色的文化。它的继承性体现在既可以通过地方民风民俗的展示来学习，通过地域扩展、自然传播，也可以通过建筑景观等来表达传承。

乡土文化是文化形态的一种，深入剖析乡土文化必须建立在深入了解文化概念及其特征的基础之上。文化是人们生存与生活方式的一种表达，也是一种变成了习惯的生活方式、精神价值、群体集体意识。汉语之"文化"一词乃是"人文化成"一语的缩写，是中国语言系统中古已有之的词汇。"人文化成"一词最早见于《易经》的贲卦彖辞："刚柔交错，天文也；文明以止，人文也。观乎天文，以察时变，观乎人文，以化成天下。"孔颖达在《周易正义》中对此进行了阐释："观乎人文以化成天下者，言圣人观察人文，则诗书礼乐之谓，当法此教而化成天下也。"古人或圣人通过观察天象了解、确认时序的变化。古人或圣人通过观察人类社会中存在的各种现象，通过教育感化手段来实现治理天下的目的。"文"在这里与"纹"的原义相通，是指一切现象或形相。"观乎天文"之"天文"并不是单指现代科学意义上天文学范畴的天文现象，而是泛指自然现象。这一自然现象在古人眼中是由阴阳、刚柔、正负、雌雄等两端力量交互作用而形成的错综复杂、多姿多彩的自然世界。"文化"一词在汉语中出现的时间较晚，并且其最初含义与现代意义上的"文化"一词的含义差异较大。据现有文献考查"文化"最早出现在西汉史学家刘向的《说苑·指武篇》中："圣人之治天下，先文德而后武力。凡武之兴，为不服也，文化不改，然后加诛。"这句话的意思是圣人治理天下，会首先使用文德来教化天下，如果文德不能被人所接受就再使用武力征服天下。动用武力征服天下，并不会让人从内心深处信服，而文德能够让人心悦诚服。如果实在顽固不化，就可以名正言顺地进行武力征伐。这一道理可以推广到治理国家中去，治理国家或一个地区要先采用德治，在万般无奈之下才可以采取武治。

"文化"一词的现代含义来自西方。英文中的"culture"根据剑桥大学以马内利学院 Don Cupitt 的考证，源自拉丁文的动词 colo，colere，colui，cultum 等。"culture"原始的含义是耕耘、种植和栽培。从一开始"culture"就意指被（人所）熟识（familiarized）、驯化和培育过的世界的镜像，后来引申为对人的品德教养和性情陶冶。"文化"一词在西方语境下概括起来就是一种生活方式（way of life）。包括如下三层含义：（1）文化、文明。指国家或群体的生活方式、社会组织、风俗、信仰和艺术等。（2）指拥有特定信仰等的国家、群体等。（3）艺术、音乐、文学等的统称。

文化泛指人类在社会历史发展过程中所创造的物质财富和精神财富的总和，这是广义层面上对文化概念的界定。物质财富是指人类创造的与物质相关的文明，例如，具有物质形态的房屋、农具、交通工具、服饰、日常用品等都是由人类创造的具有物质属性的财富，它是一种可见的、物态化的显性文化。精神财富是指没有物质形态、具有精神形态的财富，例如，哲学、政治、生活制度、家庭制度、社会制度、思维方式、宗教信仰、文学、绘画、审美情趣、风俗习惯、道德情操、学术思想及科学技术等。大多数精神财富属于不可见的、没有相应物质作为载体的隐性文化。《辞海》对文化的定义，广义指人类在社会实践过程中所获得的物质、精神的生产能力和创造的物质、精神财富的总和；狭义指精神生产能力和精神产品，包括一切社会意识形态。《中国大百科全书》对文化的定义是，广义的文化总括人类物质生产和精神生产的能力、物质的和精神的全部产品；狭义的文化是指精神能力和精神产品，包括一切社会意识形态；有时又专指教育、科学、艺术、卫生、体育等方面的知识和设施，以及世界观、政治思想、道德等。

英国著名人类学家爱德华·伯内特·泰勒（Edward Burnett Tylor，1832—1917）的《原始文化》（1871，*Primitive Culture*）被公认是进化学派的经典著作。这部著作描述了原始人如何运用理性去解释他们尚不能了解的自然和人类事物，追溯了人类从野蛮状态到文明状态的进化过程。全书展示了泰勒关于原始生活与现代生活关系的中心思想，即"野蛮和文明作为一种类型的低级和高级阶段是互相联系的"①。泰勒在《原始文化》一书中提出了狭义文化的早期经典学说，即文化是包括知识、信仰、艺术、道德、法律、习俗和任何人作为一名社会成员而获得的能力和习惯在内的复杂整体。② 在西方学术界对于文化的阐释有不同的版本，许多人从不同的角度对文化的内涵与外延及特征等进行分析研究。理查德·施韦德认为文化是一种集体无意识（collective unconscious），作为一种历史的沉积物

---

① 成雪梅．"文化"内涵考辩［J］．贵州民族学院学报（哲学社会科学版），2008（6）：145 – 148．

② 〔英〕泰勒．原始文化［M］．连树声，译，桂林：广西师范大学出版社，2005：1．

它在潜移默化地影响着现代人的行为。文化是各群体特定的真、善、美和有效率的概念。要成为"文化"的成分，这些真、善、美和有效率的概念就必须是社会继承而来的和通用的因素。奥地利精神病学家、人本主义心理学先驱、个体心理学的创始人阿尔弗雷德·阿德勒就认为每一个个体都发展出一种使他的思想和行为保持内在一致和相对于他人为独特的生活风格。20 世纪中叶，英语世界最重要的马克思主义文化批评家、文化研究的重要奠基人之一雷蒙·威廉斯称文化是"表意系统，通过它……一种社会秩序得以转达、再生产、体验和研究"①。这是从纯主观的角度将文化看成是一个社会中的价值观、态度、信念、取向以及人们普遍持有的见解。艾塞亚·伯林也认为，文化是"目标、价值观和心目中的世界图景"②，它们表现于各个自我监控的群体的言谈、法律和日常习俗之中。客观而言，目前世界上存在着至少几百种关于文化的定义，不同学科如哲学、社会学、艺术学、历史学、考古学等都可以从各自学科角度对"文化"一词进行界定。从某种意义而言都有其存在的合理性，但总体而言学术界及文化界对文化的定义仍然以泰勒在《原始文化》中的定义为基础，其他对文化定义的演绎也都以此为基础，只不过各有侧重。目前大多数社会学家倾向于把文化理解为可以被社会行动者中的特殊群体共同习得的思想、观念、知识、艺术、规范和习俗的总称。人们依赖于这些共同的意义，历经时间的锤炼，生活、浸染其中的人们逐渐形成一种独特的生活方式③。虽然现代社会学许多学派的社会学家逐渐接受了共同文化命题（common culture thesis），认为社会秩序的中心要素就是文化价值（和信仰、象征）的制度

---

① 陈静.论斯图亚特霍尔的文化"表征"理论与实践［D］.桂林：广西师范大学. 2004.

② 陈静.论斯图亚特霍尔的文化"表征"理论与实践［D］.桂林：广西师范大学. 2004.

③ 李友梅.快速城市化过程中的乡土文化转型［M］.上海：上海人民出版社，2007： 38.

化和/或内化，没有共同的文化作为一种聚合力，社会秩序就难以建立和有效维持。与此同时人们对文化完全主观性的理解也需要通过制度化或内化过程来维持或构建道德秩序。

中国学者对文化也有自己的研究与认识。著名社会学家费孝通从社会学角度对文化进行探讨，他认为"文化"指的是一个民族，或者群体，共有的生活方式与观念体系的总和①。费孝通将文化分为三个层次：器物层次、组织层次、精神层次。器物层次包括如农具、车马、房屋等生产工具、生产条件等；组织层次包括政党、议会、法庭、税务机关等政治组织、生产组织、国家机器等；精神层次主要包括宗教信仰、哲学概念、道德伦理、文学艺术等价值观念。从文化形成过程的角度分析，文化不仅是一种在人本身自然和身外自然的基础上不断创造的过程，而且是一种对人本身的自然和身外自然不断加以改造，使人不断从动物状态中提升出来的过程。从某种意义上而言，人类成长的过程就是文化形成的过程，文化与人类紧密相连不可分割。虽然文化最初是某一个群体活动的产物，但随着全球化时代到来，科技与信息技术的发展，人与人之间、社区与社区之间文化交流与渗透日益增加，那种狭隘地把文化看作是有边界的、相互分离和固定不变的观念正变得越来越与事实背离。客观而言，全球化时代不同文化之间交流、碰撞与融合的潮流已经势不可当。正如著名西方马克思主义文学理论家和具有独特风格的文化批评家特里·伊格尔顿（Terry Eagleton）所言："所有的文化都是彼此关联的；没有任何文化是单一的、纯粹的，所有的文化都是混杂的、异类的、非常不同的、不统一的。"② 因此，必须关注作为客观思想的文化与作为行动要素的文化并正视两种文化相互依赖中的自主性关系。

----

① 帅志强，叶华钦. 美丽乡村视域下乡土文化的传播策略和发展路径——以福建嵩口古镇为例［J］. 新闻传播，2019（14）：29 – 30.

② 陈静. 论斯图亚特霍尔的文化"表征"理论与实践［D］. 桂林：广西师范大学. 2004.

　　随着全球化时代的到来，各种文化之间的交流、碰撞及融合日益频繁，文化及文化现象目前越来越成为学术界及其他各界研究的热点，不同学科各自从不同角度对文化展开了深入研究与阐释。首先，从哲学角度阐释文化，认为哲学思想是文化的基础，也是社会观念与制度的基础，其变革引起社会制度的变化，与之伴随的是对旧文化的压制和新文化的勃然兴起。形态各异、丰富多彩的文化从本质上而言只是哲学思想的外在表现形式，哲学的时代性、高度和地域性决定了文化的不同风格与表现形态。

　　其次，存在主义是当代西方主要思想流派之一，主张以人为中心、尊重人的个性和自由。人在原有存在基础上自我塑造、自我成就，活得精彩，从而拥有意义。他们认为时间是一个人或一群人存在于自然中的重要平台。社会、国家和民族（家族）是一个人或一群人存在于历史和时代中的另一个重要平台。文化是对一个人或一群人的存在方式的描述。

　　再次，文化从文化研究的角度具有意识形态性，但它并不具有绝对排他性。20世纪著名马克思主义理论家安东尼奥·葛兰西（Antonio Gramsci）认为，文化霸权是一种从不同阶级、不同地域之不同文化和意识形态的动态的联合，而不是一种简单的、赤裸裸的压迫和被压迫关系。"统治集团的支配权并不是通过操纵群众来取得的……统治阶级必须与对立的社会集团、阶级以及他们的价值观进行谈判，这种谈判的结果是一种真正的调停。……这就使得意识形态中任何简单的对立，都被这一过程消解了。"① 另外，其他学者从功能等角度认为文化是人类创新活动永恒拓展的载体、创新水平提升的工具、传播的手段。

　　农耕文化，顾名思义是指由农民在长期农业生产中形成的一种适应农业生产、生活需要的国家制度、消费交换制度、礼俗制度、耕种习俗、文化教育等的文化集合。中国虽然也存在草原游牧文化、海洋文化，但由于

---

① 裴士艳. 葛兰西文化霸权理论研究［J］. 哈尔滨学院学报，2019（2）：23－26.

受到自然资源的制约，中国绝大部分地域是以农业为主的地区，千百年来中国也以农业为立国根基，因而农耕文化成为中华文化的基础。追溯中国农耕文化起源，"男耕女织"之说不仅体现了早期的劳动方式，而且也指明了农耕文化形成的基础。根据出土的谷物化石，早在河姆渡时期"农耕"就已经产生。

世界各地的学者从各自不同的角度出发对农耕文化有不同的观点和见解。荷兰文化历史学家叶普·列尔森（Joep Leerssen）认为农耕文化存在于特定的历史时刻，是对现代需求和价值的再语境化和工具化，作为新国家的象征意义和地位而被投资。[1] 农耕文化是民族主义者的博学性和创造性及政治传播者对于语言、民间故事、历史、神话传说、古代法律、古代文学艺术、古董、谚语、古代部落和传家宝等的观照。

与西方学者的分析角度不同，国内学者认为农耕文化从中国农耕社会的发展历史分析就是通过农业耕种所创造和积累的与农业社会有关的物质、文化、精神的总和。简而言之，农耕文化就是农业社会所产生的文化。[2] 对农耕文化进行更深层次的剖析后发现，农耕文化不仅包含物质上的法律、法规和规则，也包含意识上的社会习惯、神话传说、语言风俗和价值形态，是农业社会人们生产和生活中的生产关系、社会关系的总称。农耕文化从狭义或者较为片面的角度而言常常被称为建立在自给自足的小农经济基础上的小农思想，包括传统农耕社会中人们的思想意识、文化传统、风俗习惯和价值观念等。不同地位的农耕文化由于自然生态环境、社会人文环境及历史发展脉络不同，各自具有不同的特征与表现形式。对于中国的农耕文化而言，它是与中国农业活动相伴生的思想形态和意识形态。中国的农耕文化是和儒家文化、道家文化以及佛教等多种文化，以及

---

① 杨洁. 农耕文化在中国高校校园景观中的应用研究［D］. 成都：四川农业大学. 2016.

② 杨洁. 农耕文化在中国高校校园景观中的应用研究［D］. 成都：四川农业大学. 2016.

中原、齐鲁、关中、江南吴越等地区的文化相融合，在中国沃土之上形成的，适合中国人生产生存方式的独特文化集合。无论文化的内涵、特征还是表现形态，中国农耕文化都与印度、埃及、希腊等国的农耕文化具有较大的差异。

地域文化是在一定地域环境中与环境相融合并打上鲜明地域烙印的一种独特文化，具有时空限制性、独特性等特征。也可以将地域文化视为特定区域内的自然生态环境与人文历史环境相互作用与融合发展的综合体现。狭义的地域文化指先秦时期不同区域范围内创造的文化（如楚文化、关中文化等）；广义的地域文化特指中国不同区域内创造的文化。在地域文化形成过程中自然环境起着重要作用，如关中文化、江南文化、蒙古草原文化、西藏高原文化、海洋文化等的形成及其特征，与所处的自然环境密切相关。文化的地理背景包括地形地貌、气候条件、土壤条件、水资源、植被等。地域文化的人文环境是指当地的民风民俗、方言土语、历史渊源、生活习惯、宗教信仰、民族以及社会经济条件等。从另外角度而言，地域文化是指一个文化系统的现代社会语言环境和生产方式与过程。这一角度重点强调人文环境而将地域文化的自然环境背景进行了相应弱化。

著者认为自然环境是地域文化的基底，不同的自然环境会产生不同的语言和生产方式，这可以从中国各个地域的自然环境与文化形态中看出端倪。从世界范围而言，自然环境的因素也十分重要。埃及尼罗河流域的文化与俄罗斯北极地区爱基斯摩人的文化差异巨大，其根本原因是地理环境造成的，因而自然环境的差异性是地域文化存在的基础。就特征而言，首先地域文化的地域独特性是根本，地域特性决定了人们生产生存及交流的方式。其次，地域文化的形成不是短时期内完成的，它是一个地区在长期发展的过程中逐渐形成的，因此过程性和长期性也是其重要特征。再次，随着社会与社区间文化交流与渗透的增加，把文化看作是有边界的、相互分离和固定不变的观念越来越不合时宜。地域文化是通过生产生活中人类的交流、碰撞与融合形成，此过程形成了地域文化的包容渗透性。最后，地域文化的内容并非单一，而是丰富多样、复杂多变的，因而具有多样性与广泛性。

　　通过上文对乡土、乡土社会、文化进行的分析与梳理，我们可以对乡土文化进行尝试性界定：乡土文化是在自然资源或社会资源相对封闭自足的地域范围内，经过长期农耕或手工艺生产实践和共同生活实践逐渐形成的，集乡土表现文化、乡土物质文化和乡土规范文化于一体的独具地方特色的自足性文化体系。广大乡村是滋生培育乡土文化的根源和基因。自远古至20世纪80年代，中国是以农耕为主的社会，因而中国的乡土文化不但源远流长而且丰富多样。中国人以土地为根、以农耕为生，乡土文化是中华民族得以生存、繁衍与发展的精神寄托和智慧结晶，是区别于其他文明的重要特征，是民族凝聚力和进取心的重要动力来源。

　　乡土文化相关研究是近年来学术界的一个热点，许多学者从不同的角度、不同的层面对乡土文化进行研究。有学者探讨乡土文化的核心是什么，经过探讨有人认为乡土文化的核心是"礼"。[①] 中国封建社会是以儒家等级制度和家族家法制度为基础的，即以儒家的"礼"为基础，又由于儒家文化是中国乡土文化的基础，因而乡土文化的核心是"礼"。乡土文化是具有小农意识保守性与封闭性的融家族文化、礼治文化与安土重迁文化于一体的综合性文化。从另一个角度而言，乡土文化是指同一地域生活的人们在漫长历史中，在不断的物质和精神的生产实践中，逐渐形成的具有地域特色的文化传统和文化体系，其本质是一种地域文化。从乡村文化角度而言，乡土文化包含四个层面的内容：一是民间传统文艺表演、民族文艺表演、传统节日的行为文化；二是民间组织、非政府组织、村规乡约、

---

　① 张兵娟，夏雨檬. 乡土中国的家礼文化传播与认同建构——以纪录片《记住乡愁》为例 [J]. 郑州大学学报（哲学社会科学版），2017（6）：141–144，157.

非正式制度的制度文化；三是乡村山水风貌、村落、建筑、景观、民族服饰、民俗工艺品的物态文化；四是孝文化、儒家文化、忠义文化、宗教文化、宗族文化、巫文化的精神文化。总而言之，乡土文化包括的内容非常广泛，不同的学者从不同角度对其进行研究都十分有益。客观而言，如果面面俱到地对乡土文化进行研究，著者认为是不可能的，即使有学者进行尝试，也必然难以取得好的效果。著有《文化模式》一书的美国杰出人类学家露丝·本尼迪克特（Ruth Benedict）曾认为我们有汗牛充栋的文献可以证明文化间的差异。① 这些浩如烟海的文化著作证明了文化在人类生活中的重要性，也从侧面说明人们对文化的理解千差万别。著者认为对文化百花齐放式的研究无疑是十分有益的。

我们可以从几个方面对乡土文化的内涵进行分析阐释。国学大师钱穆认为"农业生活所依赖，曰气候、曰雨泽、曰土壤，此三者，皆非由人类自力安排，而若冥冥中已有为之布置妥帖而惟待人类之信任与忍耐以为顺应，乃无所用其战胜与克服。……故此种文化之特性常见为'和平的'。"② 作为人类生存的基础，自然生态环境是乡土文化得以产生与传播的物质基础。乡土地理环境是人们赖以生存、获取生产和生活资料的基础，它在很大程度上决定着人们的生产方式和生活方式，进而沉淀出区域自身的文化形态。乡村有别于城市或其他地域的气候、地貌、植被以及地形等，为乡土文化的创造奠定了基础。乡土社会是乡土文化的生存空间，它为乡土文化的产生和发展提供了地理环境因素、人口因素、经济因素和社会结构因素，架构起乡土文化的生存空间。

中华民族生活在960万平方公里广袤的地形多样的山川田野之上，自古以来人们择地聚居繁衍，日出而作日落而息，春种秋收，世代延续，形成了低水平、单一、落后的农耕自然经济。农民在封闭的经济生产方式和

---

① 林召霞. 本尼迪克特的文化模式思想研究［J］. 学理论，2011（2）：196 – 197.
② 钱穆. 中国文化史导论［M］. 北京：商务印书馆，1994：6.

经济结构中难以突破自给自足延续生存的生产目的，久而久之土地成为农民的安身立命之本，这是农耕社会的基础，中国是这样，印度是这样，世界各地大多如此。在漫长的社会生活中，富有乡土气息和气质的村落、乡村建筑、民风民俗、民间工艺文艺、生活方式等世世代代不断形成、累积和发展，逐渐形成了生于斯、长于斯，依赖土地的土地情结和安土重迁的文化心理。正如费孝通所言乡土社会的"熟人社会""伦理社会""礼治社会"的社会结构模式促使家族文化、礼治文化在以乡土社会为主的中华大地得以生成。

文化是人的文化，是人参与创造的产物。乡土文化是在历史长河中逐渐形成，而非一蹴而就。影响乡土文化生成与发展的因素很多，但其创造主体和传承主体是占乡土社会人口绝大多数的广大农民自身。乡土社会经济结构、社会结构和文化生成的过程，本质上是农民生存实践和生活实践的过程，离开农民的实践，文化不可能产生。当然乡土文化不可能完全由农民创造，在生成过程中知识分子、思想家、哲学家等也发挥着潜移默化的影响。中国乡土文化所受儒家、道家、佛家的影响也不容忽视。同样，印度的乡土文化也深深受到印度教、佛教、伊斯兰教等的影响，文化的生成不是靠单一因素促成的。再如两河文明（又称不达米亚文明）是西亚最早的文明，诞生于底格里斯河和幼发拉底河之间。两河流域的农耕乡土文化并不是单纯由某地或某地的人创造出来的，根据历史考证，两河流域农耕文化也受到古埃及农耕文化以及埃及原始宗教的深远影响。

辩证而言，伴随着农民生产实践和生活实践的不断变化和发展，原有的乡土文化也在不断地传承和革新，其中原因颇多。或者是受外来文化的影响，或者是自身的变化，这些影响与变化都赋予乡土文化新的内涵，农民也自然而然地成为乡土文化"活的载体"。总而言之，农民既是乡土文化的接受者和革新者，也是乡土文化的传承主体。

乡土文化是一种综合文化体系，乡土物质文化、乡土非物质文化和乡土规范文化等都是这个文化体系的组成部分，它们是乡土文化的主体，也是乡土文化的"文脉"所在。乡土物质文化主要是包括乡村田地山川、乡村传统建筑物及其附属物、农业生产器具、沟渠等水利设施、农业遗迹、村落、农作物及植物、乡村道路桥梁等，这些都是乡土文化依附的物质载体。北方四合院、陕西窑洞、福建客家土楼、山西平遥古城古民居、都江堰水利工程、苗族传统民居"吊脚楼"等都是典型的乡村传统建筑，这些建筑物本身都蕴含着丰富的乡土文化内涵。再如遍布广大农村的寺庙道观、灌溉工程等也是乡土文化的物态载体。无论是静态还是动态的景物、场景和物体，经过时间的洗礼，从历史与文化学的角度而言，它们都包含并传递着浓厚的历史文化内涵、价值与意义。

乡土非物质文化包括民风民俗、传统节庆、农耕方式、生活方式、民间传统工艺、传统文艺表演等，它们是通过语言、声调、姿势、图像、色彩等体现或表现出来的动态文化。如川剧变脸、皮影戏、京剧等各地地方戏曲，云南纳西族东巴文化，舞狮舞龙，庙会，祭祖仪式等，也包括春节、元宵节、重阳节、端午节、中秋节、傣族泼水节、彝族火把节等节庆传统活动。乡土非物质文化形式十分丰富，包罗万象，体现了乡土文化丰富的内涵与多姿多彩的表现形式。由于乡土非物质文化是动态的，与物质文化相比形态更丰富生动，本身具有极强的生动性和感染力，从某种意义上而言乡土非物质文化是乡土文化最为活跃的文化因子，是文化自身演变的动力来源。另外，乡规民约、宗法家规、伦理道德、惯例习俗、社会舆论和价值观念等具有乡土规范性的文化元素也是乡土文化的重要组成部分。内生于乡土社会的"礼"和"传统"的乡土规范文化是乡村社会的精神内核，包括三个方面：一是以血缘为基础、为纽带的宗族文化。宗族文化在中国南方较为浓烈。二是乡村"依礼而治"的礼治文化，礼在封建社会规范人的行为，在乡村中它也成为一种治理规范。三是人依附于土地的安土重迁思想。中国是农耕社会，土地对于农民而言尤为重要，具有较强的依附关系，农民安土重迁思想因而十分浓烈。乡土规范文化注重"以文教化"，以文化人。乡土规范文化在维系村落、宗族等微观社会层面的秩序方面起着重要作用，也是构建乡土社会精神家园的重要源泉。

二、乡土文化的价值

乡土文化千百年来哺育着中华民族的成长，是民族凝聚力和进取心的重要精神食粮，本身具有丰富深厚的多元价值，概括起来主要表现在下列五个方面。

（一）乡土文化的传统教育价值

从文化的起源而言，农耕社会的乡土文化在原始社会阶段就是民族的主流形态之一，因而乡土文化的形成与民族的诞生与发展息息相关。在民族文化漫长的发展过程中，乡土文化中的民俗故事、原始宗教、祭祀、婚丧嫁娶等传统风俗习惯成为村民的精神寄托。人们在成长过程中，或者通过个人的观察思考，或者通过别人的讲述，逐步接受与继承自身浸染其中的乡土文化，并形成了人们的价值观、民族情感、民族荣誉和民族凝聚力。一个人在成长过程中离不开乡土文化的教育和浸染。

（二）乡土文化的经济价值

乡土文化在某种意义上具有深厚的文化资源和文化资本。这些资源与资本通过某种形式可以转换成经济价值。文化资源的丰富程度和质量高低直接对当地文化经济的发展产生影响。通过学习与继承乡土文化可以教育后人、了解历史、凝聚国民、陶冶情操、净化灵魂、团结凝聚广大群众，这是其无形的价值，乡土文化精神和气质以不可见的形式存在于人们的思想当中、意识之内。同时乡土文化又具有重要的经济价值。在乡村旅游的开发过程中，可以通过展现乡土文化为地方带来巨大的经济利益。通过乡土文化资源和产业不断融合，能够解放和发展乡村的生产力，为当地村民带来实实在在的经济利益。特别是一些偏远少数民族地区，一方面拥有丰富的乡土文化资源，另一方面由于种种原因经济比较落后，完全可以依托本地区乡土文化资源通过建设旅游景点、发展当地特色产业促进乡村经济发展。例如，贵州西江千户苗寨旅游资源的开发就是一个极好的例子。贵州西江千户苗寨是一个完整保存苗族原始生态文化的地方，是领略和认识中国苗族漫长历史与发展的典型村寨。据旅游调查数据显示，除了贵州省游客以外，前来西江旅游的国内游客来自重庆、广东、广西、湖南、湖北、北京以及上海等地，国外游客主要来自美国、法国、英国、西班牙和比利时等国家。没有像某些地区进行脱离原汁原味的乡土文化的所谓创新，千户苗寨乡土文化的商业化开发基本保持了乡土文化的原真性，是对乡土文化的传承与保护而不是破坏。通过西乡苗寨的乡土文化资源开发我们可以认识到乡土文化本身所蕴含的巨大经济价值，只要我们通过合理的挖掘与开发，必然能从乡土文化潜在的文化价值中获益。

（三）乡土文化的认同价值

乡土文化能够在一个地方产生、发展并传承下来，最深厚的基础是它得到了村民共同的认可，即认同。认同从心理学上是指体认与模仿他人或团体之态度行为，使其成为个人人格一个部分的心理历程。对乡土文化的认同必须建立在个人对乡土文化的认识、理解、自愿接受基础之上，一旦接受认同了乡土文化，乡土文化本身会给接受者村民带来归属感、认同感与自豪感。虽然随着社会发展与城乡变迁，乡村传统格局被打破，村民生活方式与原始的乡村文化风貌也发生了巨大变化，但对乡土文化的认同仍然给村民带来精神上的满足，成为一种精神追求与寄托。客观而言，乡土文化能够传承不息很大程度上归功于村民对乡土文化的认同、接受与执着①。

---

① 李友梅. 快速城市化过程中的乡土文化转型［M］. 上海：上海人民出版社，2007：42.

（四）乡土文化的净化心灵价值

通过吸收、改造奥尔弗斯教的净化概念，古希腊毕达哥拉斯学派认为可以用医药和体育净化肉体以强壮体魄，可以用科学和音乐净化灵魂以摆脱欲望。亚里士多德（Aristotle）认为悲剧可以唤起人们的悲悯和畏惧之情，并使这类情感得以净化，获得无害的快感，实现道德教育的目的。现代社会特别是城市中人，由于工作、生活等原因每天承受着巨大的心理压力，如果有机会到乡村旅游，在领略乡村风情和感受乡土文化魅力时，乡土文化带来的舒适和宁静让他们放松心情、净化心灵，从而调整好心态、鼓足勇气去面对生活的挑战。感受当地的民俗风情、欣赏当地人文景观，体验当地农民生产方式与生活方式、品尝当地原汁原味的美食，是一种愉悦健康的生活体验，这种体验所产生的快感能够消除烦躁焦虑的情绪，净化受到伤害与世俗污染的心灵。享受乡村优良的环境，感受浓郁的特色乡土文化能使人们从心灵上获得返璞归真的愉悦，达到治愈心灵的效果。

（五）乡土文化的社会价值

文化作为一种精神力量在人们认识世界、改造世界的过程中起着十分重要的作用。乡土文化作为一种具有原发性的文化形态，不仅影响个人的成长历程，而且在民族和国家历史进程中发挥着巨大作用。乡土文化特别是农耕社会的乡土文化深深熔铸在民族的生命力、创造力和凝聚力之中，成为综合国力的重要标志。优秀的乡土文化能够丰富人们的精神世界，培养健全的人格并以其特有的感染力和感召力使人深受震撼、力量倍增，成为照亮人们心灵的火炬、社会前进的旗帜。例如，具有原乡性质的犹太文化对犹太人、犹太民族、犹太社会的影响十分巨大。犹太人的学习是从背诵犹太教经典开始的，这和中国古代的孩子从小背诵《三字经》《弟子规》类似。三岁时他们被要求学会希伯来语，五岁时开始背诵《圣经》和摩西律法，七岁之前必须背完《创世纪》《出埃及记》《利未记》《民数记》《申命记》，但不要求理解其中的意思。犹太人的家庭纽带观念十分浓厚，使得犹太人十分重视家庭教育。犹太文化是一种颇具特色的民族文化，它根植于希伯来人的地域环境，从某种意义上而言它是一种持续了数千年的乡土文化，这种文化对犹太社会的影响极其深远。

三、乡土文化的特性

乡土文化作为一种文化形态有其自身的特性，可概括为下列五个特性。

(一) 乡土文化的"土"性

乡土及乡土文化的本质在于"土"，土主要是指泥土性。"土"在中国的文化中有着独特的地位。中国古代哲学家用五行理论来说明世界万物的形成及其相互关系，它强调整体，旨在描述事物的运动形式以及转化关系。金木水火土五行是中国古代哲学的一种系统观，广泛用于中医、堪舆、命理、相术和占卜等方面。五行的意义包含阴阳演变过程的五种基本动态。阴阳是古代的对立统一学说，五行是原始的系统论。土生金。农民离不开泥土，是因为在农村耕地是最基本的生产资料，农民的生活同样离不开泥土。土气与洋气、时髦相对，指式样、风格等赶不上潮流，不时髦。乡土文化的土性主要体现在泥土性与土气，与泥土紧密相关，也与乡村的封闭性、保守性紧密相关。

(二) 乡土文化的地域差异性

中国有 960 万平方公里的国土，地形风貌具有多样化、复杂化的特点。地理环境的不同使各地乡村的语言、习俗、建筑、村规民约、饮食以及服饰等都存在显著的差异。在广阔中国大地上的几百万个乡村从北至南跨越了不同的气候带，生活着 56 个民族，每个乡村的文化都表现出自己的个性即乡土文化的地域差异性。从世界范围来看，乡土文化的地域差异性也十分明显。从国家之间乡村文化比较而言，它们之间的差异性则更加明显，说明乡土文化地域的差异性具有普适性特征。

（三）乡土文化的历史传承性

乡土文化的产生与发展是一个历史过程，是一种对历史文化的传承。作为乡土文化表现形态的民俗庆典、饮食习惯、民间技艺、地方风情等是代代相传下来的文化底蕴。历史文化传承问题不是一个工具性、程序性、机械性的过程，历史文化传承是一个所谓"熏"或者"浸染"的过程。如遗传基因一样，乡土文化也具有自身的基因并一代一代遗传下去。乡土文化受到所在地区自然环境等地区整体环境的影响。以种田为主业的农户，子女从小生活在与耕田事物相关的环境中，长大后自然表现出农耕的文化习俗。如果父母经常到河里打鱼，在家里经常以鱼为材料烹饪，那么子女从小就对河流、鱼类习性等较为熟悉，在日后的生活中，与鱼相关的知识、习俗、文化形态就会自然地表现在日常生活中，这就是文化的传承过程。费孝通认为乡土社会是一个完全熟悉的没有陌生人的和谐社会，他在《乡土中国》中对乡土社会进行了描述，认为乡土社会里人们以家庭或血缘为联系形成了一个密不可分的团体，人们都拥有共同的文化形态和宗教信仰，团体保障了乡土文化的统一，乡土文化随着时间的推移而不断地沉淀发酵，最终形成了既独具特色又能一代一代传承下去的文化。

（四）乡土文化的融合性

文化在文化交流过程中以其传统元素为基础，根据需要吸收、消化外来文化，这一过程就是文化融合（Cultural Integration）。文化的表现形态与内涵随着时代发展而不断更迭，完全封闭独立、故步自封的文化是不存在的。不同文化之间接触、撞击、筛选、整合是文化融合的前提与必然过程。文化的产生与发展过程其实是一个不断融合各种异质文化元素的过程。两个或多个文化体系中的文化元素经过调适整合融为一体，形成一种新的文化体系。例如，汉唐时中原文化对西域和东南亚文化的吸收就是一个文化融合的过程。当然在融合过程中两种文化的地位不一定对等，有主次之分，也有主客之分。再如现代美国文化也是多种文化融合的结果。

　　随着社会的发展及全球化时代的到来，社会经济和信息发展速度十分迅猛，各种文化交流的频次都大幅提高，并不断深入，乡土文化在此背景下必然会和其他文化元素发生接触、碰撞与整合。外来文化是多种多样的，既包括本国或本地区的其他乡土文化、民族文化等，也包括其他国家的乡土文化与民族文化，只要是与乡土文化不同、具有异质性元素的文化都可以称之为外来文化。由此而知，乡土文化几乎时刻受到外来文化的影响，在与外来文化的接触与碰撞中，乡土文化自身也处于变化之中。

　　（五）乡土文化的变异性

　　虽然乡土文化所处的自然地理、气候、地形地貌等物质层面短时间不会发生巨大变化，但乡土文化并不是一成不变的。变异本身是个生物学用语，指同种生物后代与前代、同代生物不同个体之间在形体特征、生理特征等方面所表现出来的差别，是生物繁衍后代的自然现象，是遗传的结果。从社会角度而言，变异性就是指传统社会的变化与变革。司马迁曾提出："究天人之际，通古今之变。"一个"变"字，高度概括了中国传统社会的特点，也说明了认识历史的基本出发点应着眼于"变"。文化变异是指文化在存在状态中发生变化与变革的过程与现象。例如，齐国文化是齐地文化，是一特定历史时期的文化，通常所说的齐文化是指齐国文化。齐地疆域为圈定范围，即今天的鲁北、鲁中及山东半岛地区，大致是海岱之间的山东地区。齐文化并不是一成不变，它经历了四个时期。第一时期是东夷文化时期；第二时期是齐国文化时期；第三时期是齐鲁融合时期；第四时期是鲁文化时期。乡土文化变异的原因有内因与外因。内因是自身时刻处于变化之中，文化自身的发展并不是简单的重复而是变化。从哲学的角度而言，一切事物都处于变化之中，静止的事物是不存在的。古希腊著名唯物主义辩证法奠基人赫拉克利特（Herakleitos，约前540—前470）主张一切皆流、无物常住的哲学观点，认为人不能两次踏入同一条河流。乡土文化变异的外因是不断受到外来因素的影响，它不断排斥或吸收外来因素，在这个过程中异质因素的加入促成了乡土文化自身的变化。

四、"美丽乡村"的概念、发展脉络、内涵及特征

"美丽乡村"顾名思义就是美丽的乡村。"美丽乡村"作为一个名词概念是新的历史条件下乡村发展的产物，美丽乡村的基础是乡村自身。在以美国学者 R. D. 罗德菲尔德（Rodefeld）为代表的部分外国学者认为乡村是人口稀少、以农业生产为主要经济基础、比较隔绝、人们日常生活每天都基本相似，而与社会其他部分，特别是与城市在许多方面有较大不同的地方。[①] 以农耕文明为基础的中国乡村亦称为乡下或村落。由于历史等原因，长期以来乡村与城镇相比而言生产力水平低下，流动人口较少，经济不发达，生活水平较低，是相对落后的地区。乡村是一般可分为自然村和行政村。自然村是村落实体，行政村是行政实体。一般而言在潜意识中，无论是学者还是普通人都认为乡村就是从事农业生产和农民聚居的地方，与之相应的是乡村经济和农业。

在人们心目中农村一般与落后、土气、愚昧迷信、贫穷、固执、脏乱差、缺乏文化气息、交通闭塞、灾荒频发、宗族势力强大、裙带关系浓厚等较为负面的印象相关联。由于历史的原因，中国的广大农村在过去的确贫穷落后，是有知识、有财富之人不愿久留的地方。然而自 20 世纪 80 年代改革开放之后，中国某些地区特别是沿海经济发达省份的部分地区，由于种种原因首先享受到改革开放经济繁荣的成果而率先富裕起来，其生活水平、经济水平以及思想水平都有了显著提高。在此背景下他们对自己世代生活的乡村有了更高要求，他们不但要建立和谐富裕的乡村而且要建设美丽的乡村，让自己的生活环境美丽起来，由此美丽乡村开始走上历史舞台。

---

① 游洁敏 . "美丽乡村"建设下的浙江省乡村旅游资源开发研究 [D] . 杭州：浙江农林大学，2013.

　　"美丽乡村"概念是 2005 年 10 月召开的党的十六届五中全会报告中建设"社会主义新农村"理念的延续和发展，目标是将乡村人与自然、物质与文化、生产与生活、传统与现代统筹考虑，全面提升。"生产发展、生活宽裕、乡风文明、村容整洁、管理民主"是报告提出的建设社会主义新农村的重大历史任务。位于长三角腹地的安吉，是浙江省湖州市的市属县。天目山脉自西南入境，分东西两支环抱县境两侧，呈三面环山、中间凹陷、东北开口的"畚箕形"的辐聚状盆地地形。地势西南高、东北低，县境南端龙王山是境内最高山，海拔 1587.4 米，是浙北的最高峰。县内主要水系为西苕溪，它的上游西溪、南溪于塘浦长潭村汇合后，形成西苕溪干流，然后由西南向东北斜贯县境，于小溪口出县。沿途有龙王溪、浒溪、里溪、浑泥港、晓墅港汇入。一方面安吉县经济发展水平较高，另一方面它拥有较好的自然资源，安吉县经过规划与论证于 2008 年出台以建设生态文明为前提，以打造农业强、农村美、农民富、城乡和谐发展的"中国美丽乡村"为目标的《建设"中国美丽乡村"行动纲要》，正式提出"中国美丽乡村"计划，即所谓的"安吉模式"，规划利用 10 年左右时间将安吉县打造成为中国最美丽的乡村。

　　2009 年，中国美丽乡村建设与经济发展调研组调研安吉县美丽乡村计划与行动后认为，一个山美水美环境美、吃美住美生活美、穿美话美心灵美的中国最美丽乡村在 5 年后会在浙江安吉县出现。安吉县美丽乡村建设不但打造出一批知名农产品品牌、美丽乡村景点，带动了农村生态旅游大发展与农民收入增加，而且改善了农村的生态与景观。"美丽乡村"一词在 2013 年中共中央、国务院印发的 1 号文件中被首次提及，是"美丽乡村"概念上升到国家层面建设的标志。报告要求加强乡村生态环境建设，注重乡村环境保护并对其他各种环境问题进行综合整治。

　　美丽乡村与美丽中国的关系密不可分。其实在"美丽乡村"的概念提出之前，中央首先提出的是建设美丽中国的重大目标。因为乡村是中国社会非常重要的一环，随着美丽中国的大力推进，乡村发展与美丽乡村建设也成为中国发展的重要环节。"美丽乡村"的"美丽"二字不能只从字面上理解，它含义丰富，既包含美丽的自然环境，也包含美丽的社会环境。2015年国家标准化管理委员会等部门颁布《美丽乡村建设指南（GB/T 32000—2015）》，标志着美丽乡村建设正式成为国家建设目标。

在《美丽乡村建设指南（GB/T 32000—2015）》中对美丽乡村描述为"经济、政治、文化、社会和生态文明协调发展，规划科学、生产发展、生活宽裕、乡风文明、村容整洁、管理民主，宜居、宜业的可持续发展乡村（包括建制村和自然村）"。美丽乡村建设必须坚持当地政府引导以及以村民为主体、以人为本、因地制宜的原则，采取规划先行、统筹兼顾的策略持续改善农村人居环境，使乡村生产、生活、生态和谐发展，实现宜居、宜业、生活宽裕、村容整洁、乡风文明、管理民主的可持续性发展乡村（包括建制村与自然村）风貌，最终把曾经相对落后的乡村打造成集经济、政治、文化、社会和生态文明协调发展的新农村。

美丽乡村与普通乡村的区别在哪里？著者认为可以简单用"四美"和"三宜"进行概括。"四美"是指村容村貌整洁环境美、村风乡风文明身心美、经济富足生活美、科学规划布局美。"三宜"是指宜居、宜游、宜业。宜居是指乡村环境优美整洁舒适，工业污染少，植被绿化率高，同时没有洪水、泥石流等自然灾害的威胁。宜游是指重视乡村中乡土文化的保护和发扬，凸显乡村文化内涵，乡村建筑具有一定的风格特色和历史感，整体环境与乡村景观值得外地人参观旅游，同时交通、住宿等旅游设施齐全便捷。宜业是指因地制宜合理整合产业资源，发展多元化产业，保留乡村环境建筑原真性的前提下，完善乡村公共设施，打造特色乡村，村民能够在乡村企业就业并有较好的收入，能够满足生活需要，不必到城镇或其他地方去工作谋生。

美丽乡村的本质是人与自然、人与社会、人与人之间全方面的和谐统一。在保护自然环境的前提下，在乡村建设的新思路下，保护优秀传统文化并结合景观规划与设计手法营造具有鲜明地域特色和文化内涵的美丽乡村，打造宜居、宜游、宜业、怡人的农家田园乡村风貌村落，其中所包含的丰富内涵可以从以下三个层面阐释。一是生活层面。包括物质与精神两个方面。在美丽乡村建设过程中建设公共服务设施，丰富乡村居民生活方式，通过乡村景观规划与设计改善人居环境，营造乡村美丽景观，全方位提升乡村居民生活品质，让普通村民在物质与精神两个方面都得到最大程度的满足。二是生产层面。物质生产及村民收入是建设美丽乡村的重要基础，村民没有收入，许多问题难以解决。通过发展当地特色产业、转化产业结构、优化乡村产业布局，在保护当地环境资源前提下，经过乡村景观规划与设计，适度利用乡村环境资源，促进农业、工业、手工业、及乡村旅游业的联动发展，提高当地居民收入与经济水平是重中之重。三是生态层面。注重自然经济发展与生态环境的有机统一，充分尊重现有的客观实际，以农田、道路、植被、林地、河流以及文化遗迹等为基础，通过乡村景观规划与设计、消除污染等措施改善乡村整体生态环境，在保证乡村生态环境基本稳定的基础上，稳步推进生态环境向高质量水平发展，达到人与生态自然的和谐共处与融合。

乡村风貌因为自然环境与人文环境的不同，美丽乡村的外在表现与内涵也各不相同。根据人们对美丽乡村的理解与期待以及国家层面的要求，总体而言美丽乡村表现出以下六个特征。

（一）优美的乡村环境

整体环境整洁优美是美丽乡村的最基本要求，这也是与过去落后乡村外表层面最根本的区别。虽然有的乡村地处优美的风景区，自然环境非常优美，但这并不能表明它就是我们心目中理想的美丽乡村，因为村容村貌也是美丽乡村的重要部分，没有经过精心规划与设计，没有大量资金与时间的投入，美丽乡村不会自然生成。

（二）完善的基础与公共服务设施

美丽乡村虽然离不开自然资源优势，但完善的基础与公共设施是其社会环境不可或缺的一个环节。如果没有完善的基础设施，道路交通、住宿餐饮、通信等不完善，不但不能满足村民的基本生活，更不能满足外来人员特别是旅游观光者的基本需求，美丽乡村就无从谈起。

（三）良好的居民文化素养

美丽乡村的居民不仅要学会娴熟专业的技能从事生产活动以谋求经济基础与发展，自身在文化层面以及村风方面也必须表现出良好的素养。待人接物友好礼貌，人与人之间交往和谐自然，具有丰富的科学与人文历史知识等都是体现具有良好素养的重要标志。

（四）独特而厚重的乡土文化

注重文化精神及本地乡土文化的保护与传承，优先保护当地独特的历史文化物质遗产与非物质文化遗产。整个乡村无论外在还是内在，都表现出独特而厚重的文化底蕴。

（五）均衡的整体环境

每个美丽乡村无论是人口规模还是地域面积都要合理适中，人口与地域不能过大也不能太小，保证每家每户都有一个良好的生活环境，村民的生活水平不能相差悬殊。不能生搬硬套，要结合当地区域位置与条件，取长补短，因地制宜，优美的生态布局与鲜明的当地特色要相互结合。

（六）特色鲜明的可持续发展模式

乡村合理的经济规模、良好的建设投入以及可持续循环发展的产业作为美丽乡村的经济支撑。拥有独具特色的发展模式、优秀创新的管理模式以及高效的治理模式。经济可持续发展、居民有稳定的持续收入是美丽乡村存在与发展的基础。

总体而言，美丽乡村建设不但顺应了中国农村发展的实际需要，是实现全面小康社会的必然要求，而且也是美丽中国的具体承载，是推进生态文明发展的重要举措，对于我国实现"两个一百年"奋斗目标具有深远的意义。从理论层面而言，美丽乡村建设对于丰富人与自然、人与社会的和谐相处以及生态文明新理念具有重要意义。通过建设美丽乡村，实现农民生活质量、生态思想观念的改变，能够丰富和发展新时代乡村建设的深层内涵，从精神层面为农村的持续发展提供动力。从现实层面而言，建设生态宜居的新农村已成为国家农村建设的新目标，对美丽乡村建设提出了新要求。建设美丽乡村，不仅要建设宜居、宜业、宜游的乡村生态环境，而且要通过提高人民群众的幸福感和获得感，构建起优美、和谐、文明的家园，实现乡村的可持续发展。

没有农村的现代化就没有中国的现代化。目前我国正处于"两个一百年"奋斗目标的历史交汇期，在这个历史时刻建设美丽乡村对于我国社会主义现代化进程具有特殊的意义。美丽乡村不仅是一个生态保护型的概念而且也是与社会形态发展、生态环节大力保护与发展、经济发展模式密切相关的一个概念。它包含了从生产到生活、从生活到生态的各个方面。建设美丽乡村对于中国立足建设生态文明社会实现经济、社会、文化全面发展具有不可替代的作用。对于美丽乡村的标准，总体而言不仅要硬件美，而且软件也要美。硬件体现在村庄基础建设、村容村貌、基本产业结构、基础农业、生态环境保护、乡村景观规划设计等方面。软件体现在制度条例的完善、民主基层建设、综合治理的理念、文化历史的传承、百姓安居乐业的精神风貌、友善的邻里关系、朴实的民风民俗等方面。

第三节 景 观

景观一词在英文中为"landscape"，在德语中为"Landschaft"，在法语中为"paysage"。景观（landscape）一词的英文释义是地表空间（land）

上面所承载的风景、景色与景象（scape）①。地理学意义上景观是区域内所特有的自然形态的客观呈现，泛指一个地区内由地形、地貌、土壤、水体、植物和动物等所组成的集合体。景观一般是指一定区域呈现的景象，即视觉效果。这种视觉效果是复杂的自然过程和人类活动在大地上的烙印，是反映土地及土地上的空间和物质所构成的综合体。

"景观"一词在文献中最早出现在希伯来文的《圣经》中，与我们现代意义上对景观的理解有较大不同，在《圣经》中"景观"一词主要用于对圣城耶路撒冷整体美景（包括所罗门寺庙、城堡、宫殿在内）的描述。耶路撒冷是一个城市，《圣经》中"景观"一词是把耶路撒冷作为一个整体看待的，并没有现代微观层面的景观含义。《圣经》中景观的总体意蕴也许与犹太人的文化背景与宗教信仰有关。无论是东方文化还是西方文化，"景观"最早的含义是与"风景"（scenery）同义或近义，具有视觉美学方面的意义。文学艺术界以及绝大多数的园林风景学者所理解的景观也主要是这一层含义。中国及外国词典对"景观"解释的第一层含义就是优美的、值得欣赏的"自然风景"。从社会学、文化学、艺术学及审美学等更多层面来看，景观不仅仅是单纯的自然或生态现象，而且也指与人文相关的景色。景观从某个角度而言，它自身也是文化的一部分。景观是综合人类文明与自然生态的整体系统，作为一个含义丰富的词语，它不但表达了人与自然的关系、人对土地、人对乡村城市的态度，而且也反映了人的理想和欲望，包含了经济、生态、文化方面的多种价值。景观是复杂的自然过程和人类活动在我们生存的环境中共同创造的空间形态，是多种功能要素集中的空间载体。

从学科发生学上而言，现代学科意义上的"景观"一词由德国地理学家、植物学家 Von. Humboldt 于 19 世纪初作为一个科学名词引入到地理学

---

① 朱淳，张力. 景观建筑史［M］. 济南：山东美术出版社，2012：1.

中，并将其解释为"一个区域的总体特征"①　（Naveh and Lieberman，
1984），这一含义与犹太文献中景观的最初含义相近，也与后来地理学的
地域综合体的提法很相近，但与中国文献中"景观"一词所指称的有所不
同。Humboldt不但主张将景观引入地理学，而且还主张将景观作为地理学
的中心问题进行研究探讨，主张探索原始自然景观是如何变成人类文化景
观的。Humboldt的这一主张的实质是通过将景观引入到人文地理学范畴，
探索景观由纯粹的自然景观如何变成人类文化景观，是"人"与"地"关
系研究思想的雏形。

地理学是一门古老而现代的科学，"地理"一词在汉语古典文献中最
早见于《周易·系辞》："仰以观于天文，俯以察于地理，是故知幽明之
故。"英文"geography"一词据考证源自希腊文"geo"（大地）和"gra-
phein"（描述）二词，本义是描述地球表面的科学。这与汉语"地理"一
词在古典文献中的含义存在差异。埃拉托色尼最早使用"geography"，他
用该词表示研究地球的学问。地理学（geography）与大家所熟知的中学课
程地理并不完全相同，它是研究地理要素或者地理综合体空间分布规律、
时间演变过程和区域特征的一门学科，与物理、化学等传统理科学科不
同，地理学是自然科学与人文科学交叉的综合学科，具有区域性、综合性
与交叉性的特征。例如，中国的《水经注》是北魏人郦道元给《水经》做
的注。《水经注》记述的大小河流共有1252条，此外还有500多处湖泊和
沼泽，200多处泉水和井水等地下水。《水经注》不仅讲河流，还详细记载
了河流所经的地貌、地质矿物和动植物。《水经注》的主要内容是关于中
国国内水系的记载或注释，但它并不只属于一个学科，它不仅在地理学、
考古学、水利学上具有重要价值与地位，它在文学上也取得了卓越成就。
从某种意义而言，它不但是魏晋南北朝时期山水散文的集锦，而且是神州

---

① 赵鑫. 城市生态景观艺术研究［M］. 长春：吉林美术出版社，2018：10.

传说的荟萃，名胜古迹的导游图以及风土民情的采访录。《水经注》是古代地理名著，由于其文笔雄健俊美，因而它又是山水文学的优秀作品。简而言之，它是一部具有文学价值的地理著作，是自然科学与人文科学交叉的典范之作。直到19世纪，地理学才发生明显的分化，那是近代地理学时期的事了。各国的地理学基本上是在该国封闭的条件下发展起来的，其内容呈现多元化。"景观"一词被引入地理学研究之后，其含义与使用范围也随之发生变化，它已不单只具有传统美丽风景之义的视觉美学方面的含义，它还与地理学结合，具有地表可见景象的综合与某个限定性区域的双重甚至多重含义。

　　俄国地理学家贝尔格（BERG. LEV SIMONOVICH）的研究主要涉及地理学和动物学的主题。他早期的研究成果集中在哈萨克斯坦北部湖泊的相关研究，包括水的盐度、温度的动态变化、海岸线的特点和居住在那里的动物群，还有湖泊的成因及其构成要素。在研究湖泊矿化的变化时，他提出了这样的观点，即由于盐被风吹走，造成湖泊暂时大小的改变。贝尔格关于湖泊的研究与调查被公认为经典。他认为湖泊是一种复杂的地理现象，应当对其进行综合的考虑，包括它的历史及其形成，与其周边地区的联系，气候和水生生物的特点，只有这样才能去评估作为水库的经济重要性。这些研究与观测的气候有着密切的联系，同时对湖泊的历史研究还表明一个湖泊的水生生物和古气候变化之间明确地存在着联系。贝尔格等人在景观与地理学方面的成果与探索形成了景观地理学派。而苏联著名自然地理学家与地植物学家 B. Б. 索恰瓦的地理系统学说（著有《地理系统学说导论》）为地理学与生态学的融合、交叉打下了基础。目前世界关于景观的研究形成了专家学派（expert paradigm）、心理物理学派（psychophysical paradigm）、认知学派（cognitive paradigm）、经验学派（experiential paradigm）或称现象学派（phenomenological paradigm）等几大学派，他们各自从不同的学科对景观进行阐释与研究。

景观自身具有与其他事物（如居民楼房、生活日用物品等）不同的特征，其特征受许多因素影响，但自然生态因素具有重要作用。景观特征一般而言分为自然形态构成的视觉效果以及人为的依照自身认知而创造出的视觉效果两种。从风格上按照不同标准有多重划分。例如，按对立原则可划分为现代、古典派，或东方、西方派风格；按照各个民族风格进行划分，如藏族风格、汉族风格、朝鲜族风格、纳西族风格、哈萨克族风格等；按照地域划分，如江南风格、塞外风格、法国风格、德国风格、埃及风格等。

景观学与生态学是两门相对各自独立平行发展的学科，各自有自己的研究领域、手段与方法。生态学的研究主要集中于生态系统及其以下的群落、种群等水平，侧重于系统功能上的探讨。景观生态学是一门主要研究不同尺度的景观空间变化、景观的形貌与立体对称对生物和人类活动的影响，是涉及生态学、地理学、生物学、历史文化学、经济学等多门学科的交叉型学科。研究范围也包括景观生态系统是如何影响景观格局的变化、景观异质性的变化、景观结构的变化等系统之间的关系。景观生态学由德国地理植物学家特洛尔（C. Troll）1939 年在利用航空照片研究东非土地利用问题时首先提出。特洛尔以生态学理论框架作为基础结合现代地理学以及系统科学的传统优势，引入空间水平关系分析方法和功能过程的垂直分析方法。他将地理学和生物学两种学科的理论知识相结合，形成了完整的理论体系，主要研究区域内不同的地理环境中生物之间的关系。特洛尔认为景观生态学的概念是由两种科学思想结合而产生出来的，一种是地理学的（景观），另一种是生物学的（生态学）。景观生态学诞生之后，关于景观生态的理论研究自 20 世纪 50 年代开始逐渐进入欧洲学界的研究视野。1981 年在荷兰召开首届国际景观生态学讨论大会，1982 年于捷克斯洛伐克成立了国际景观生态学会（IALE），景观生态学的快速发展受到国际社会的广泛关注。20 世纪 80 年代中国学者开始接触景观生态学理论，国际景观生态学会中国分会成立。

景观生态学理论所涵盖的学科比较多，属于交叉学科，其主要内容是结合生态学理论研究景观系统中不同结构即立体构型、生物演变和动态演化三者之间的相互关系及动态变化，阐述景观系统中的物质、信息、价值、能量等生态元素的传递流通关系，其宗旨是实现优化景观布局、有效利用、科学保护之目的，实现一定地域内生态资源的最佳化与效率最大化。景观生态学将物质景观分为廊道（corridor）、斑块（patch）和基质（matrix）这三大要素，并同时研究其相互作用的过程。景观生态学在空间、时间、结构上都强调生态系统的稳定性。目前已广泛应用于农业景观、乡土景观、都市景观。由在形状和功能上异曲同工的廊道、斑块和基质等重要因素使观光农业生态园区拥有极好的立体性能，使之成为休闲观光农业景观。具体而言，斑块顾名思义就是形貌上与周围地区（本底）在大小、形状、类型、异质性及其边界特征等方面有所不同的非线性分布的地表区域。斑块之间不相连，表现出一定的相对独立性。它们的形态可以相似也可以不相似。景观生态学中的廊道是指不同于周围景观基质的线状或狭带状景观要素，一般可分为线状廊道、带状廊道、河流廊道等三种类型，廊道两边与本底都有本质区别。例如，京杭大运河就是一种典型的河流廊道。美国著名的科罗拉多大峡谷（Grand Canyon）被联合国教科文组织选为受保护的天然遗产之一。位于美国亚利桑那州西北部凯巴布高原上的大峡谷是地球上最为壮丽的景色之一，是一种典型的带状景观廊道。在观光农业生态园或其他旅游景点中，廊道一般与内部交通及其他辅助设施相结合贯通，可以更好地发挥其生态和实用功能。基质指的是样品中除分析物以外的组分，由于基质常常对分析物的分析过程有显著的干扰，并影响分析结果的准确性，这些影响和干扰被称为基质效应（matrix effect）。在景观生态学中基质是三大要素之一，它能够控制生态斑块之间的相互交换，使斑块之间不能自由融合，基质能够严格把控生态斑块中存在的"岛蜗化"效应，同时牢牢把控连接度（或者融合度），保持纯洁性，制约物种在斑块之间的转移①。

关于景观生态学的研究自其诞生之日起就处于不断发展之中，景观生态学在取得许多成果的同时，其成果也逐渐被转换成指导现实的有效工具。例如，目前逐渐兴起的现代农业科技园区的景观系统就是较好的实例。在景观生态学的设计理念之下，自然景观系统、农业景观系统和人工景观系统三个相对独立的系统在现代农业科技园区内被紧密地结合在一起，形成一个有机整体。在严格遵循景观生态学原则、生态系统稳定不受破坏的前提下，通过现代农业科技园的规划设计，实现对其复杂景观系统中基本元素的合理调控和分配，在保护生态系统功能基础上，发挥现代农业科技园自身的经济价值功能及旅游观光的社会价值。观光农业、农家乐等乡村旅游的基础是通过对景观结构及景观元素的调整，在优化生态环境条件下重塑景观组合，使游客对景观及园区的视觉体验感与异质性提高，从而增强吸引力，满足社会发展后人们对旅游资源的多元化期待，对于农村而言也是大力发展第三产业、提高收入与生活水平的有效途径。

低碳社会（low - carbon society）是通过创建低碳生活，发展低碳经济，培养可持续发展、绿色环保、文明的低碳文化理念，形成具有低碳消费意识的"橄榄形"公平社会。与自然共生、可持续性发展是低碳社会、循环型社会遵循的理论原则，良好的生态环境网络可以改善区域的环境状况。乡村社会及其居民的生活来源与自然生态环境紧密相关。受客观因素影响，无论乡村日常生活还是乡村景观都注重人与自然的协调性与融合性，生态效果成为检验乡村景观规划与设计合理性的一个非常重要的标准。而与乡村景观、生态环境密切相关的景观生态学理论为乡村景观规划设计提供了坚实理论基础与一系列方法、工具和资料。例如，可以运用景

---

① 赵良. 景观设计［M］. 武汉：华中科技大学出版社，2009：32.

观生态学的理论与方法分析乡村中自然生态、经济结构、人文环境、人口状态、农业结构之间的相互影响及因果关系，通过规划与设计，规避其中的不利因素，发挥有利因素的作用而建立起更加和谐、持续发展的乡村整体生活环境。

"生态学"一词是 1866 年由勒特（Reiter）合并两个希腊词"Οικοθ"（房屋、住所）和"Λογοθ"（学科）构成，1866 年德国动物学家海克尔（Ernst Heinrich Haeckel）最先把生态学定义为"研究动物与其他有机及无机环境之间相互关系的科学"，特别是动物与其他生物之间的有益和有害关系。从此，揭开了生态学发展的序幕。虽然生态学是近现代西方发展起来的一门学科，但关于生态的思想却并不是近现代才有，在中国古代这种思想早已有之，因为生态问题关乎人类的生存与发展，生态思想也必然伴随着人类历史的发展而发展①。

中国自古以来是一个以农业立国的农耕社会，国家繁荣、人民生活水平与农业的兴衰息息相关，在此背景下，与农业相关的生态思想必然成为中国五千多年文明史的重要组成部分。天人合一、崇尚自然、万物平等、节欲寡用等生态智慧成为中国传统文化思想精髓的重要组成部分。"天人合一"是中国古代哲学思想的重要范畴。"天"代表"道""真理""法则""自然"，"天人合一"就是与先天本性相合，回归大道，归根复命。天人合一不仅仅是一种思想，而且是一种状态。"天人合一"哲学构建了中华传统文化的主体。老子所谓人法地、地法天、天法道，道法自然即体现了天人合一的思想。"天人合一"的生态自然观刻画了中国社会人与自然之间的相互关系与相处机理，是中国传统生态智慧的核心。

孔子则提出"天何言哉？四时行焉，百物生焉，天何言哉。"《易经》是中国传统思想文化中自然哲学与人文实践的理论根源，是古代汉民族思

---

① 于冰沁，田舒，车生泉. 生态主义思想的理论与实践——基于西方近现代风景园林研究［M］. 北京：中国文史出版社，2013：2.

想、智慧的结晶，被誉为"大道之源"。内容极其丰富，对中国几千年来的政治、经济、文化等各个领域都产生了极其深刻的影响。《易经》以阴阳变化来说明宇宙万物形成发展的规律，明确指出"天"是万物产生之源、自然秩序之本，强调圣人需要依据天道、地道、人道才能把握安身处世之根本。道家讲求"道法自然"，认为人不但属于自然界，而且和自然界中的其他事物都存在一定关联。在这个关系网中如果破坏其中的任何一个关联都会导致问题的出现并使之处于不和谐、不稳定的状态。因而人类不应随意或过度干涉自然万物，万事万物保持其自然状态是最高境界。庄子所谓"天地与我并生，而万物与我为一"，阐明了自然与人、万物与人"你中有我、我中有你"互相交融、同生共荣的辩证关系。在自然宇宙之中，人只有与自然互相联通，顺应自然规律，才能生存，才能达到人与自然和谐共生的理想境界。庄子实际上明确了人与自然不可分割的密切关系。《中庸》中"万物并育而不相害，道并行而不相悖"，其意是指万物同时生长而不相互妨害是自然界的和谐法则，与道家之道法自然有相通之妙。佛家讲求众生平等，认为自然界中一切事物都是平等的，人要尊重自然万物。与道家的"无为"不同，佛家倡导人要以一种积极的方式去适应自然、关爱自然。人与自然和谐相处是一种朴素的生态自然观，中国古人早就认识到人类自身离不开自然，人类需要从自然宇宙中索取衣食住行等几乎所有的生存必需品，如果离开自然宇宙或者不与它建立和谐共处的关系，人类自身就无法生存下去，更谈不上发展。

崇尚自然之风在中国绵延流传，中国文人爱好山水与田园的情结十分浓厚，从一个侧面反映了中国的自然生态观念与思想。自晋代开始一些士族寄情山水，优游名胜，发挥老庄自然哲学赞美江南山水，玄言诗中已开始出现了一些写景名句。如孙绰《兰亭诗》、谢混《游西池》中都包含大量山水诗成分。由于汉末社会动荡，豪族地主庄园兴起，许多士大夫及文人渐次脱离宦场，滋生退隐之风，纷纷移居田园。谢灵运是开创山水诗派的大师。其诗破东晋玄言诗一统诗坛的局面，继承谢混以山水入诗的创作之路。陶渊明自号"五柳先生"，私谥"靖节"，世称靖节先生，浔阳柴桑人，东晋末至南朝宋初期伟大的诗人、辞赋家。曾任江州祭酒、建威参军、镇军参军、彭泽县令等职，最末一次出仕为彭泽县令，80 多天便弃职而去，从此归隐田园。他是中国第一位田园诗人，被称为"古今隐逸诗人之宗"。陶渊明通过富有感染力的诗句来描绘田园乡村的景象，体现了自己热爱大自然与田园生活的情怀。如《饮酒·其五》："结庐在人境，而无车马喧。问君何能尔？心远地自偏。采菊东篱下，悠然见南山。山气日夕佳，飞鸟相与还。此中有真意，欲辨已忘言。"此诗歌体现了诗人悠闲舒适的乡间生活及钟情田园的情愫。至唐代孟浩然、王维，山水诗的创作更达到了前所未有的高峰。孟浩然《东坡遇雨率尔贻谢南池》"田家春事起，丁壮就东坡。殷殷雷声作，森森雨足垂。海虹晴始见，河柳润初移。予意在耕凿，因君问土宜。"诗歌描绘了一幅田园风光，诗人流连忘返，写出了田园农家的淳朴和田园风光，诗人情不自禁沉浸在这美好的田园风光之中。其他诗歌如"弊庐在郭外，素产唯田园。左右林野旷，不闻朝市喧。钓竿垂北涧，樵唱入南轩。书取幽栖事，将寻静者论"也是一首极好的描写乡村生活的诗歌。幽静的环境，诗人沉浸在开阔的乡间田园。诗人正是用这些生动的语言描绘田园风光的美妙，表达了当时许多文人雅士的人生志向和抱负，体现了中国传统文化崇尚自然的心理倾向与天人合一的文化基因。山水诗人王维的《新晴野望》以一种极具图画的方式给我们展示了田园的优美风光："新晴原野旷，极目无氛垢。郭门临渡头，村树连溪口。白水明田外，碧峰出山后。农月无闲人，倾家事南亩。"这首诗就是王维的一次成功的艺术实践。

中国传统文化中的生态智慧思想也体现在其他方面，自然宇宙万物平等的观念就是其中之一。崇尚自然的庄子《秋水》有云："以道观之，物无贵贱；以物观之，自贵而相贱；以俗观之，贵贱不在己。以差观之，因其所大而大之，则万物莫不大；因其所小而小之，则万物莫不小。知天地之为稊米也，知毫末之为丘山也，则差数矣。""万物一齐，孰短孰长？"庄子用短短不足百字阐释了物无贵贱、万物平等的思想。在庄子看来人世间及宇宙天地之间的万物包括人类自身都是平等的，没有高低贵贱之分，没有聪明愚钝之分，没有主客之分。既然都是平等的，那么人与自然万物的交往应当顺其自然，人没有特权，也不比其他事物尊贵，因而不能有凌驾他物之意。庄子的思想当然是超然的，人们在现实中无法实现与万物平等的理念，但这一理念体现了一种超然的自然观与生态观。

节欲寡用、仁民爱物以及"君子节用，取物不尽"的生态保护观也是中国传统节俭爱物观念在生态资源利用与保护上的重要体现。中国传统文化历来十分注重节俭在君子品行养成中的基础作用。老子："见素抱朴，少私寡欲。"管子："故适身行义，俭约恭敬，其唯无福，祸亦不来矣。骄傲侈泰，离度绝理，其唯无祸，福亦不至矣。"孔子："奢则不孙，俭则固。与其不孙也，宁固"；"钓而不网，戈不射宿"。孟子："不违农时，谷不可胜食也。数罟不入污池，鱼鳖不可胜食也。斧斤以时入山林，材木不可胜用也。谷与鱼鳖不可胜食，木材不可胜用，是使民养生丧死无遗憾也。"这些论断都体现了中国传统生态观念强调崇尚自然、遵循自然规律、适可而止、节俭寡用的智慧。只有不违背自然规律进行农业生产，节约粮食，不用很细的渔网捕鱼，按照一定时节砍伐木材，粮食、鱼鳖、木材才吃不完、用不完，老百姓才能安居乐业，这一中国传统生态智慧与现代循环经济、可持续发展理念一脉相承。爱惜自然万物就不能过度索取，不能破坏自然万物本来的状态，人必须与万物和谐相处，人类发展才有出路。客观而言，中华民族之所以在华夏大地繁衍生息并创造了灿烂的文明，生产力水平逐步提高，与中华文化中根深蒂固的尊重自然规律、与自然和谐相处的生态智慧紧密相关。任何一个民族如果过度向自然索取、不遵守自然规律、处处与自然之道相悖，其最终的结果或者停滞不前，或者自然消亡。

在 1750 年德国哲学家鲍姆加登（Baumgarten）首次提出"美学"（Aesthetic 感性学）这一概念。鲍姆加登认为美学研究的对象是审美活动，是研究人与世界审美关系的一门学科。景观美学是以美学学科为研究角度，从观赏者和观赏景观的审美关系出发对景观进行研究探索的美学的一个分支学科。它通过景观艺术来研究人对景观现实的审美关系，进而研究景观的审美构成、审美元素、审美特征、景观审美心理结构和特征、景观的美感经验、景观审美范畴与美学思想，同时研究景观审美关系形成和发展及其在审美意境中的积淀，包括景观开发、保护、利用和管理的美学原则等。景观美学以景观的艺术性为主要研究对象。人与客观现实发生的审美关系是普遍存在的，当你欣赏美景、名画时，你与美景、名画之间就建立了审美关系。美学与文学、艺术学、心理学、语言学、人类学、神话学等紧密相关，从某种角度而言，它是一门建立在多学科交叉之上的学科。

鲍姆加登

景观美学涉及的内容与层面比较多，包括景观本身、观赏者和景观意境。景观本身自然是我们看到的由景物所组成的综合体，是景观美学中所谓的审美对象主体。欣赏者顾名思义就是观赏、审视景观的审美主体，包括生活在当地的村民，外来的旅游者。因为审美活动是人的一种以意象世界（此处可以是景观、人物、艺术品等）为对象的人生体验活动（也是一种心理活动），是人类社会发展到一定程度人类的一种精神文化活动。即便是路过的路人只要特意欣赏注视景观，也是景观的审美主体。

什么是美的东西？美的标准是什么？什么样的景观是美的？怎样营造景观才能让人产生美感？中国人的美学观是什么？古希腊人的美学观又是怎么样的呢？如此多的问题都是景观美学需要认真思考与回答的。毕达哥拉斯（Pythagoras）是古希腊数学家、哲学家和美学家。他认为和谐是美学的第一范畴：世界万物的真正的机缘根本就不是像水、气、云气这样的无定物质。根本的机缘应该是数或者说是数量的关系，而美就是由一定数量关系构成的一种和谐，这个就是美。他的根本立场就是协调即美，一个东西协调了它就是美的，不协调就不是美的。古希腊人的美学观相对而言是比较理性的，强调和谐、强调数字关系与比例，由此他们创造了古典美的一个标准：美就是所谓优美、典雅、和谐的东西。和谐的关键在古希腊人看来就是一种数学比例关系。音量有大有小，音长有长有短，音调有高有低，这些要素实际上都是一种数学上的关系。无论是绘画还是雕塑，要想创造出美的东西，就必须遵循黄金分割比例。公元前300年前后，欧几里得（Euclid）吸收了欧多克索斯（Eudoxus）的研究成果撰写《几何原本》，进一步系统地论述了黄金分割，成为最早的有关黄金分割的论著。

中国的审美标准与美学原则与西方有较大的区别，中国人在判断审美对象是否美时并没有统一客观的标准，一般是一种感性判断而较缺少理性判断。例如，对一个人外貌的判断主要是凭借自己的感觉甚至是直觉，没有如西方人那样审视一个人的四肢与躯干是否成比例，人脸部器官之间是否符合数字比例标准。虽然中国没有严格的数字比例要求，但符合中国人

57

审美标准的东西大体上也是符合数字比例关系的。如果一个人的腿特别短，脖子特别长，或者一个眼睛大一个眼睛小，那么他也是不符合我们的感性审美判断标准。韵律本来指诗词中的平仄格式和押韵规则，引申为音响的节奏规律。《旧唐书·元稹传》："思深语近，韵律调新，属对无差，而风情宛然。"韵律在景观中由具体的景观要素组成，许多景观要素组织起来并加以简化，产生视觉上的运动节奏，它是片段感受加以图案化的重要手段之一，具有韵律感的组合对人们的视线及活动具有较大的吸引力。当然这种韵律没有听觉上的感受，主要是视觉效果在人们心中产生的一种律动感，它与声音上的音律在人心中产生的美感与愉悦感有异曲同工之妙。对景观元素精心布置所产生的韵律感只能通过视觉效果首先感受，然后经过心理感应产生，有时候只可意会而不可言传。然而这种韵律所产生的美感相对而言比较高级，需要所谓的审美观照与沉思才能发生。理解景观韵律可以通过中国古典园林的例子来阐释。古典园林是在一定地域范围之内运用艺术和工程技术手段，通过种植树木花草、营造各种各样建筑、改造地形（或进一步筑山、叠石、理水）和布置园路等途径创作而成的美的自然环境和游憩境域。历史上著名的有西周素朴的囿，秦汉宫苑"一池三山"，西汉山水建筑园，南北朝自然山水园、佛寺丛林和游览胜地，隋代山水建筑宫苑，唐代宫苑和游乐地，唐代自然园林式山居，唐宋写意山水园，北宋山水宫苑。目前仍然存世的苏州园林是古典园林中的瑰宝。林泉之乐就是最美丽的韵律。苏州园林是充满自然意趣的"城市山林"，在这个浓缩的自然界，一勺代水，一拳代山，园内的四季变化和春秋草木枯荣以及山水花木的季相变化，身居闹市的人们一进入园林，便可享受到大自然的山水之乐，所谓不出城郭而获山林之怡，身居闹市而有林泉之乐。

第四节　乡土景观

乡土景观一般是指在乡村地域范围内由自然地形地貌、村落、动植物、农业田地、道路交通、民居建筑及其附属物、生产生活遗存、地域服饰、风俗习惯等所构成的具有审美价值的文化现象复合体。它是当地人为了生活、适应自然生存，体现土地及土地上的空间与格局变化，反映人与自然、人与人之间的关系，在特定时间、特定地区的人的生活方式的地域综合体。乡土景观是在乡村地区范围内人文、社会、自然等多种现象的综合表现。自然景观和人文景观是两个基本方面。乡土人文景观具有生产、生活和生态三个基本特点，同时具有审美、文化、历史体现、地域性等特点。

乡土景观并不是与自然宇宙相伴生，而是与人类的历史发展相伴生的。乡土景观的历史起源可以追溯到人类开始定居的时代，它伴随土地耕作时代的到来而正式显现。乡土景观所包含的民居、生产工具、农田、道路等开始时都以实用性为主，主要满足人们生存的基本需求。此时人们还没有景观的概念与意识，也没有从美的角度对农业及生活用品进行刻意设计与营造。但随着生产力水平提高及富裕有闲阶层的出现，现代意义上的景观开始出现。例如，西方园林中早期的庭院是主人观赏和游憩的场所，也是他们的果蔬生产和园艺新品培育基地。水渠、药圃、整齐修葺的树林草地以及花坛、喷泉的规划布置都蕴含着主人对美景的刻意追求。农业生产中农田分布、果园种植形式是主人乡土景观审美抽象意识的显性表达，带有明显的地域特征，即乡土特色。

乡土景观作为一种现象自古就存在，相关观念也早就存在，但相关研究却较晚。相比而言欧美国家对乡土景观的研究较早。19世纪末一批美国中西部景园建筑师（以西蒙兹和詹逊为代表）开创的"草原式景园"体现了一种全新的设计概念：设计不是"想当然地重复流行的形式和材料，而要适合当地的景观、气候、土壤、劳动力状况及其他条件"①（Wilhelm A. Miller，1915）。自然是一切人类活动的背景与基础。受到美国中西部自然生态环境的影响，因为造价低廉并有助于保护生态环境的延续，他们的设计以运用乡土植物群落展现地方景观特色为特点。例如，考利斯（Henry Chandler Cowles）和弗兰克沃（Frank Waugh）倡导运用乡土植物群落有效解决美国公路网公路两侧的美化和护坡问题，这一理念如今已经被世界各地的交通建设部门接受，在中国高速公路或普通公路两侧运用当地植被进行美化与护坡已经十分普遍。

英国学者以保护生态多样性为首要目的，从景观多样性及审美出发，研究并扩展生物栖息地范围。这一理念在英国乡村景观发展保护的策略与研究方面影响深远。他们力求修复并重建原来被破坏及忽视的土地，维持生态可持续发展。英国的乡土景观着重自身感受以及环境完整性和机动性。他们认为美是一种感性的经验。以洛克和培根为代表的经验论是英国乡土自然式园林营造的指导思想。

美国杰出文化地理学家、作家，《景观》杂志创始人约翰·布林克霍夫·杰克逊（1909—1996）被称为美国"乡土景观之父"，其著作《发现乡土景观》揭示了有关人类生活环境相互作用而留在大地上的印记——乡土景观。他将乡土景观视为文化景观的一种表现形式。他认为乡土景观就是由自下而上的因素驱动的文化景观和非政治性因素驱动下的文化景观。杰克逊认为乡土景观具有很多特点，如机动性、暂时性、变化性，但最重要的还是它的适应性：乡土景观是生活在土地上的人们无意识地、不自觉地、无休止地、耐心地适应环境和冲突的产物。杰克逊初步建立了美国乡

---

① 孙青丽，李抒音. 景观设计概论［M］. 天津：南开大学出版社，2016：122.

土景观研究的理论框架。①

与荷兰人以"空间概念"和"生态网络系统"为景观设计思想不同，美国倾向于地域性景观的独立存在。他们在乡土景观保护与营造中强调地方特色和人文精神，首要原则是考虑当地居民需求，并不以设计师或艺术家自居而先入为主，尽量减少外来因素的影响，保持地域的特色与相对独立性，并且注重环境与场所的协调，力图建立可持续性的生态文化发展价值观。

国内关于乡土景观的研究与西方相比较晚，关于乡土景观的理论框架、方法论等的研究大多从欧美及日韩借鉴吸收并结合中国实际情况演绎。中国学者自 20 世纪 80 年代开始逐渐关注乡土景观。由于中国是一个农业大国，乡土大多与农村相关，因而乡土景观研究的初始阶段主要倾向于乡土农业的发展。伴随研究的深入以及受到国家政策（如乡村振兴计划）的影响，研究内容及方向逐渐侧重于乡村建设与乡村村落。国内乡土景观的研究与发展粗略可分为探索、经验与可持续三个阶段。在初始探索阶段，乡土景观研究的内容主要是介绍西方的相关理论与方法，以及植物群落及其景观特征等。例如，对于长白山高山苔原的相关研究（《地理学报》1984 年第 3 期发表学术论文《长白山高山苔原的景观生态分析》）。长白山高山苔原是我国唯一典型的极地自然景观类型，学者们对高山苔原生态系统各组成要素的物理、生物、化学特性和过程进行了初步研究，并与国外若干苔原进行了比较。② 1989 年召开的第一届景观生态学讨论会激发了学者们对于乡土景观的研究热情。在经验型阶段乡土景观研究的主要内容是农业景观生态系统的物质循环。在 1995 年到 2000 年阶段主要探寻景观生态学的原理和方法、农业与乡村的经济发展、景观构建与保护的构

---

① 陈义勇，俞孔坚. 美国乡土景观研究理论与实践——《发现乡土景观》导读 ［J］. 人文地理，2013（1）：155 – 160.

② 黄锡畴，李崇皜. 长白山高山苔原的景观生态分析 ［J］. 地理学报，1984（3）：285 – 297.

成要素等。自 2002 年至今可视为可持续性阶段，由于城市化发展十分迅猛，地方政府片面追求经济利益，地域性生态景观日益遭受严重破坏，乡土景观的研究方向发生改变，不同土地地域性的生态利用与保护其物种的多样性以及可持续发展等成为研究重点。第三阶段乡土景观研究涉及的领域越来越广泛，涉及的学科也越来越多，包括生态学、地理学、美学、历史遗产学、民族民俗学、建筑学、艺术学、城市规划学、风景园林学等。

乡土景观研究范围越来越广泛，研究深度也越来越深、越来越专业化。在乡土景观研究的某些具体领域，例如，乡土建筑景观领域，许多学者也进行了深入探讨并取得不少成果。从 20 世纪 60 年代起，我国一批学者开始出书研究乡土建筑，刘敦桢教授 1957 年出版的《中国住宅概说》首次将乡土建筑引入学术界。该著作具体章节包括：圆形住宅；纵长方形住宅；横长方形住宅；曲尺形住宅；三合院住宅；四合院住宅；三合院与四合院的混合体住宅；环形住宅；窑洞式穴居等。① 然而由于政治、经济及社会各方面的原因，中国学界对乡土建筑的研究并没有持续发展下去。

自改革开放后，特别是进入 21 世纪以来，由于经济快速发展，房地产成为经济发展的重要引擎之一，中国广大乡村也发生了翻天覆地的变化。受到商业利益驱使，乡村的建筑首当其冲，许多具有文化特色、历史悠久的乡村建筑与民居遭受前所未有的破坏。面对乡土建筑遗产的危局，许多学者如陈志华等开始进行关于乡土建筑的保护研究工作，如《中国乡土建筑》《传统村镇聚落景观分析》《浙江省新叶村乡土建筑》《中国民居》《浙江民居》《传统村镇实体环境设计》《楠溪江乡土建筑研究》《福建民居》《诸葛村乡土建筑》等都是关于乡土建筑及其景观的专著。关于乡土建筑景观的研究视野比较开阔，也具有现实针对性。

文化景观（cultural landscape）一词最早是由德国学者索尔（Sauer）

---

① 刘敦桢. 中国住宅概说 [M]. 北京：建筑工程出版社，1957：1 - 4.

提出，最早用于欧美国家文化地理学的研究，索尔给出文化景观的定义是"附加在自然景观之上的各种人类活动形态"①。他认为文化景观反映了自然环境与人类价值相互叠加作用的结果，是人类在原始自然基础上进行活动形成的文化产物。Wager 和 Mikesell 将文化景观定义为人类间相互作用而产生的一种综合性产品。在原始阶段文化景观仅仅作为一种产品而存在。国内一些学者如王恩涌等也尝试给出文化景观的定义，他们认为文化景观就是一个反映地区地理特征的综合体；文化景观是人类活动叠加自然景观而形成的文化现象。② 这些定义都有合理的方面，但也具有某些片面性，可谓一家之言。1992 年世界遗产委员会正式提出"文化景观"概念，由此文化景观逐渐成为当前和未来历史文化遗产保护的重要方向。世界遗产委员会阐明了文化景观之人文与自然相结合的属性，该委员会对文化景观的阐释侧重于对地域景观、历史空间、文化场所等多种范畴进行研究，侧重于文化与历史遗产属性，而非经济、实用或其他属性。随着对文化景观的深入研究，文化景观涵盖的范围逐渐扩展到像民风民俗、手工艺等非物质景观领域，而不再局限于建筑、民居等单纯的物质文化景观。"杭州西湖文化景观"于 2011 年 6 月 25 日正式列入《世界遗产名录》。杭州西湖文化景观极为清晰地展现了中国景观的美学思想，是文化景观的一个杰出典范，对中国乃至世界的园林设计影响深远。杭州西湖文化景观申遗成功，成为中国文化景观的突破性事件。文化遗产学、景观学、文化学、旅游学、历史学、园林学等许多领域由此开始重视对文化景观的探索与研究，并取得越来越多的成果。

人文是重视人的文化，是人类文化中的先进部分和核心部分，即先进的价值观及其规范。人文是一个动态的概念。《辞海》中"人文"是指人类社会的各种文化现象。乡土（Vernacular）来源于拉丁语"verna"，与乡

---

① 戴代新，戴开宇. 历史文化景观的再现［M］. 上海：同济大学出版社，2009：8.
② 王恩涌，曹诗图.《中国民族地理》评介［J］. 人文地理，2016（6）：159 – 160.

村与农耕生活紧密相关。乡土人文景观是乡村地域内人类活动叠加自然景观,具有乡土文化特色与内涵,记录乡土地域内人类活动历史,传承乡土传统地域文化的综合体。乡土人文景观涉及景观生态学、艺术学、美学、人文地理学、植物学、农业遗产、文化遗产、建筑学等多个学科领域。乡土人文景观是人类社会经济活动与自然环境之间耦合作用的产物与载体,是地域性生活方式在乡村大地上的显现,体现了人类的生存智慧与乡土文化的深刻意蕴,承载着文化延续与发展创新的作用与使命。

"营造"一词出自《晋书·五行志上》:"清扫所灾之处,不敢于此有所营造。""营造"一词有多个含义。一是建造。如《通典·职官十五》:"掌管河津,营造桥梁廨宇之事。"《明史·桑乔传》:"乔偕同官陈三事,略言营造两宫山陵,多侵冒。"郁达夫《感伤的行旅》:"高而不美的假山之类,不过尽了一点点缀的余功,并不足以语园林营造的匠心之所在的。"二是制作,做。如《宋书·张永传》:"又有巧思……纸及墨皆自营造。"《隋书·百官志中》:"太府寺,掌金帛府库,营造器物。"宋代张齐贤《洛阳搢绅旧闻记·宋太师彦筠奉佛》:"首诣僧寺,施财为设斋造功德,为状首罪,许岁岁营造功德。"三是指建筑工程及器械制作等事宜。如《南史·萧引传》:"转引为库部侍郎,掌知营造。"《明史·张鹏传》:"且京军困营造,精力销沮,猝有急,何以作威厉气。"清代陈康祺《郎潜纪闻》卷十一:"内务府有营造,率资经费於工部。"田北湖《论文章源流》:"大而一代之掌故,小而一技之营造,皆得穷理尽情,表见于著录,以收文字之功。"四是构造,编造。如南朝陈傅縡《明道论》:"唯竞穿凿,各肆营造,枝叶徒繁,本源日翳,一师解释,复异一师,更改旧宗,各立新意。"

乡土人文景观的营造是指在乡村这一特定地域生态环境范围内,人类对具有开发价值的各类自然景观要素和人文景观要素在特定时间范围内基于实用或非实用目的进行的建造活动。这里所指的营造是一个过程,具有一定的时间属性，不仅包括物理意义和行动上的修建、建造，还包括过程上的规划设计、维修保养。乡土人文景观的营造过程具有文化意蕴，所营造的景观具有人文历史价值，体现了地域文化的特色。没有人类参与所形成的景观，即使具有美学价值、历史价值、观赏价值、经济价值等也不是所谓的人文景观。例如，原始森林、荒无人烟的高山泽国，即使有些地方很美，被人发现后渐渐成为一个旅游景点，但由于没有人工的痕迹，没有人类赋予的文化内涵与形式，也不是我们所谓的乡土人文景观。

一、乡土人文景观的独特性

乡土人文景观与自然景观等其他景观既有联系与相同之处，也具有属于自身的独特性。

（一）乡土地域文脉特性

人类发展的历史就是人类自身有意识地利用并实践于自然界求得生存与发展的历史。从人类文化学的角度而言，人类社会的一切活动及其成果都属于大文化范畴。中国有句俗语"一方水土养一方人"，由于地形地貌、气候等的差异，人们生活在差异巨大的地理环境中，在特定历史前提及生产力水平下，人们根据所处地域的地理、气候等自然条件选择或不得不进行适合所处自然生态环境的劳动，以谋求自身的生存与发展。在中国独特的自然地理生态环境下，历来以农耕为生存发展之基础，人们在世世代代辛勤耕种的过程中形成了以农耕文明为主要特色的地域文化特征。从更大的层面讲，埃及文明沿着尼罗河兴起，埃及人们虽然也是以农耕为生存基础，但由于地形地貌、气候、适宜耕种的农作物的差异，他们所形成的地域文化与中国的地域文化显然差异巨大。而古希腊由于地形地貌及气候不太适宜农业耕种，他们的生存主要以手工业、商业为主，因而他们的文化与以农耕为特征的中国文化、埃及文化表现出巨大差异性。而从小的地域范围而言，中国有十里不同俗的古话，即使两个相距不远的村落，也会因为不同的风俗习惯、不同的方言、不同的祖先崇拜而表现不同的出村落文化，不同的乡土地域文化特色。

(二) 乡土质朴特性

乡土人文景观与其他景观如皇家园林、苏州园林等不同，它没有给人特别的精致感、奢华感、富贵感与高高在上的距离感，它给人的是一种视觉与听觉上的亲切感、朴素感甚或触手可及感、错落无序感、生活气息感。乡土人文景观与人的衣食住行、生活习俗、观念习俗、风土人情以及大自然关系密切。乡土人文景观建立在广阔的乡村大地上，大地景观具有浓厚的广阔感，这种感觉来自不同的土地单元一个一个镶嵌而成的宏大感、丰富感、视觉美感。养眼的美丽风景离不开大地的广阔感。乡土人文景观散布在广阔的大地上、泥土间，散发出浓郁的泥土气息。虽然其构思、建筑尚有可改善之处，但它整体表现出的朴素感、泥土气息、简单明了感、因地制宜随形变化性、实用性及丰富多样性处处体现其质朴特性。其清新与大拙大朴的美感，由此产生的对生活的踏实感是富丽堂皇的皇家景观所缺乏的，也是真正热爱生活的人真心喜爱的。

(三) 文化记忆特性

人脑对经验过事物的识记、保持、再现或再认就是记忆，记忆是进行思维、想象等高级心理活动的基础。记忆作为一种基本的心理过程是人们学习、工作和生活的基本机能。把抽象无序转变成形象有序的过程就是记忆的关键。乡土人文景观的营造、延续与留存是一个历史过程，经历时间长河的冲刷后沉淀与保留下来的，在空间环境中都具有年代感，成为人们对历史记忆的载体。

村边的一座小桥、一颗大槐树、一座祠堂，甚至是一段破损的院墙，作为乡土人文景观的一个斑点有时候能够吸引众人驻足欣赏，甚至会让人产生流连忘返之感，远远胜过费尽心思人工"造景"而产生的美感，这些历史遗留的旧物能唤起人们心灵深处对故乡的记忆①，这是人的一种本性。五代时期李煜的词《虞美人》："春花秋月何时了，往事知多少。小楼昨夜又东风，故国不堪回首月明中。雕栏玉砌应犹在，只是朱颜改。问君能有几多愁，恰似一江春水向东流。"唐代高适《除夜作》："旅馆寒灯独不眠，客心何事转凄然。故乡今夜思千里，霜鬓明朝又一年。"南宋蒋捷《一剪梅·舟过吴江》："一片春愁待酒浇。江上舟摇，楼上帘招。秋娘渡与泰娘桥，风又飘飘，雨又潇潇。何日归家洗客袍？银字笙调，心字香烧。流光容易把人抛，红了樱桃，绿了芭蕉。"诗人对故乡故景的记忆都有一个载体，而乡土人文景观就是其中最重要的一个。

故乡的文化和传统、历史事件和社会生活通过乡土人文景观沉淀下来，得以延续和传承。

（四）情境体验特性

情境在社会心理学上是指影响事物发生或对机体行为产生影响的环境条件，也指在一定时间内各种情况相对的或结合的境况。乡土人文景观并不是天然存在的，而是经过人的构思设计而营造出来的，在规划设计阶段设计者希望景观给人带来亲和感、美感、舒适感，并且与自然环境融为一体，使空间关系在人性化的原则上具有长久性、适用性和亲和感。设计者运用自然界中的一切素材和有利于设计的条件营造景观使人产生靠近、接触与体验的心理冲动。例如，由武圣府、武圣演兵场、八阵馆、古代兵器馆等景点组成的《孙子兵法》文化展示区，该景点运用声、光、电、多媒体等现代科技手段，全面展现《孙子兵法》的兵家智慧及相关军事文化。当人们进入这个景区时，景观的情境体验性便表现得淋漓尽致。看到各种兵器与阵图，人们自然而然会沉浸到与春秋五霸、战国七雄战火纷飞场面相关的情境之中。这种情境体验越深刻，证明景观设计营造越成功，成为

---

① 谢云. 美丽乡村建设——乡土文化［M］. 广州：广东科技出版社，2016：2.

景观吸引人的重要因素。

（五）精神寄托特性

心理学认为一个人心里在完成必要的事情之后身心需要调节，调节身心的途径或办法包括找寻能够产生愉悦心理的物品或者运动。这类事物有时候是自己能够力所能及的，有时候是无法实现的，但只要自身感觉良好就可以。这类事物就是我们所说的寄托对象。无论什么年代，人都会遭遇困难、遭遇心灵空虚迷茫的时刻，都会寻找可以寄托的人或物。现代人大多生活在城市中，喧闹嘈杂、压力巨大的城市生活令人身心疲惫、空虚迷茫，需要找到一个宣泄或寄托的地方。乡村广阔延伸的农田、潺潺流淌的小河、河边悠悠飘荡的垂柳以及悠闲的生活节奏形成了给人宁静感、惬意感的景致。身临其中，城市人强烈地感受到乡村地域独特性的气氛，或者勾起对故乡的思念，或者把自己寄寓在乡村的田园美景之中。乡土人文景观因其独特性成为城市人或精神迷茫者"诗和远方"的精神寄托之所。"客路青山外，行舟绿水前。潮平两岸阔，风正一帆悬。海日生残夜，江春入旧年。乡书何处达？归雁洛阳边。"这些诗句出自唐朝王湾的《次北固山下》，此诗抒发了作者深深的思乡之情，寄托之物就是诗人以准确精练的语言描写自己在北固山下停泊时所见到的冬末春初时节的青山绿水、潮平岸阔的壮丽之景。

二、景观评价

通常而言，在一定基础上个人或群体对某一地理范围之内的景观优劣程度进行分析和评价被称之为景观评价。评价方法可分主观评价和客观评价两类。通常语境中的主观是指人的一种思考方式，与"客观"相反。暂时不能与其他不同看法的人仔细商讨，凭借自己的观点，未经分析推算而下结论、进行决策和行为反应，称为主观。依据感性思维，根据自己的主观感受对景观做出的评价称为主观评价。主观评价的缺点是没有具体的评判标准，随意性较强，无规律和逻辑可循。优点在于效率和实际操作能力较强，具有综合性、概括性强之优势。客观不依赖主观而独立存在，客观评价来自评价对象的理性思维，需要借助完整的流程来做出综合、客观的分析评判，尽可能控制人为因素缩小整体误差。景观评价中理想的状态是主观评价与客观评价的有机统一、感性认知与理性认知的有机统一。目前评价方法主要有 AHP 法、SBE 法、SD 法三种。其中 AHP 法以其更广泛的适用性、科学性被更多学者所采纳。层次分析法（AHP）是一种层次权重决策分析方法。在景观的评价中由于许多元素难以用精确数量衡量，因而 AHP 法得以较为广泛地被采用。

三、乡土人文景观的类型

乡土人文景观类型多种多样，按照不同的标准可以分为不同的类型，综合起来可以分为如下六个类型：（1）村落文化景观。是反映区域文化景观差异的显著标志（如客家的围龙屋、北方四合院、地坑院等）。（2）建筑文化景观。屋檐、景观墙等不单单是建筑，还是具有多重形式的物质语言。（3）水文化景观。水体是景观最重要的元素之一，无论南方与北方，以水体为景观元素的乡村景观几乎随处可见，千差万别。（4）农业文化景观，是各种农耕要素的总和。中国自古是以农耕为基础的社会，农业文化景观伴随着中华民族的诞生及几千年的发展历史。（5）历史文化景观。能够保留地域范围内场地记忆并传承历史文脉的景观，是地域景观的灵魂（如曲阜孔子六艺城、孙子兵法城、各地宗祠庙宇）。（6）乡土精神文化景观。根植于特定区域约定成俗的思想和感情，影响着人们的生产、生活、审美等（如崇拜图腾）。

乡土景观根据形态可以分为物质形态乡土景观与非物质形态乡土景观。物质形态乡土景观又可以分为自然乡土景观和人工乡土景观。自然乡土景观是自然界本来就有的可以利用并成为乡土景观组成部分的景点、自然物等。非物质乡土景观又可称为社会乡土景观，如各种祭祀活动、节日庆典活动、民风民俗、故事传说、图腾、地域名人等有人类参与或人类活动痕迹的不以物质形态为主要呈现形式的景观。从另一个角度而言，非物质形态乡土景观是村民在日常生活过程中形成的一种共识，它体现的是一种集体无意识。集体无意识是瑞士心理学家、分析心理学创始人荣格（Jung）的分析心理学用语。集体无意识由遗传保留的无数同类型经验在心理最深层积淀的人类普遍性精神。集体无意识的内容是原始的，包括本能和原型。它只是一种可能，以一种不明确的记忆形式积淀在人的大脑组织结构之中，在一定条件下能被唤醒、激活。地方习俗、民族风俗等表面上是一种共识，是一种集体意识，但其实质是一种集体无意识的表现形式。由共识所形成的民风民俗等景观联系着土生土长的乡村人与人、人与土地，联系着当地人的历史文脉。

乡土景观根据景观中的素材和载体的不同，可以分为自然景观与人文景观两大类。自然景观主要由某一范围或地域内自然环境中各种地文景观、气候天象、水域风光、生物景观等一些基本要素构成的景观。

人文景观顾名思义必须有人参与，包括人的各种行为、活动等所形成的景观。人类的发展直接影响人文景观的变化，而自然景观是自然界自然演化的结果，因而人文景观也是一个动态的景观，随着人的活动产生或者消亡。人文景观又可以细分为村落景观、文化景观和经济景观等。村落景观是乡土景观的基本框架。人类是群居动物，村落景观是人群居、定居下来的产物，主要由村落周围的自然环境、建筑物等组成，主要表现形式是建筑群，包括民居及其附属物等。文化景观主要是与人类文化活动相关的景观，包括一些历史物质文化遗迹，也包括乡土建筑中的各种建筑物，如寺庙、牌位、祠堂、私塾学校、牌匾、墓碑、手工作坊、图腾旌旗等。

文化景观也包括非物质文化遗产，如村民宗族的祭祀活动、节日庆典、民风民俗、故事传说、乡规民约、方言土语等。文化景观是乡土人文景观的重要组成部分，也是展现民族特色、地域特色的关键部分。中原文化、吴越文化、齐鲁文化、巴蜀文化、荆楚文化、闽南文化、南粤文化、关东文化、塞北文化、关中文化、燕赵文化等地域文化的特色很大程度上都可以从其文化景观上体现出来。

经济景观是指人在生产实践、从事经济活动中所形成的一种景观。乡土经济景观就是在乡村范围内人们从事农业、手工艺、商业等活动中所形成的景观。包括各种农田及其作物、果园、菜园、农耕器具、农耕牲畜、木匠铁匠手工作坊、农贸集市、农事活动、纺织印染等与乡村经济相关的活动与事物。经济景观从某种角度而言就是生产实践活动中人与自然各个基本要素之间的一种共存文化现象。经济景观是人类向自然索取并与自然融合发展所产生的一种景观，这种景观与人类相生相随，是人类历史发展的必然产物。

村落景观、乡土生产性景观及乡土建筑景观是乡土人文景观中的重要组成部分，它们是乡土人文景观内涵、特征与历史发展脉络的重要载体，因而值得深入、具体地进行研究。

（一）村落景观

村落主要指大的聚落或多个聚落形成的群体。村落在中国较为通行的称谓是村庄。《三国志·魏志·郑浑传》："入魏郡界，村落齐整如一。"唐代韩愈《论淮西事宜状》："村落百姓，悉有兵器，小小俘劫，皆能自防。"村落特别是原始村落在人类历史发展的初期发挥了巨大作用。回顾原始文明形成的历史脉络可知，村落作为较原始的群居方式，积极推动了各种文明的互动生成，村落在一步步形成扩张中继承与摒弃各种文明元素，促使文明实现统一。人类诞生初期并没有固定的住所与生活场地，原始人类以狩猎与采集野果为生，随着生产力水平的提高，本来喜欢群居的人开始聚众定居下来，每一个定居点成为一个村落。最原始的村落是以血缘、家族为纽带形成的，一个个家庭逐渐扩大，具有血缘关系的大小家庭聚合在一个地方繁衍生息，村落成为原始社会的基本单元。村落从蒙昧走来，凝结着原始精神，崇拜共同的神，拥有共同的愿望。村落默默发展，凝结的文化与文明也默默发展，随着时间的推移，一个灿烂的原始文明降临了。原始村落虽然小而简单，正如俗语所言麻雀虽小五脏俱全，它包含了社会、文化、生态、意识形态等多方面的内容。

村落景观就是在村落地域范围内居民长期生产生活过程中营造而成的景观。一户农家小院、一处喂养牲畜的土围、一座简单的坟茔、一个土制的炉灶等都成为村落景观的组成部分。村落景观是聚落形态由分散的农舍到能够提供生产和生活服务的集镇的基础，是具有特定景观行为形态和内涵的景观类型。村落景观是人类与所处自然环境不断结合的综合体。

村落随着社会特别是城市化的发展，景观也表现出动态变化的特点。现在对其研究的学者越来越多，他们大多从各自角度进行阐发，如下就是三种比较典型的看法。一是村落景观由自然景观、人文景观、原始部族景观等景观类型所构成。二是村落景观是人类与环境相适应的一种现象，是在乡村区域范围内不断演变形成的以农业生产和粗放的土地利用为主，以自然、生产、聚居为主要特色的景观。三是与他景观相比，村落景观是形式较为自然的人类居住景观，由于地理位置等原因其受工业化、社会变革的影响较小、较慢。

农村范围内的土地、地形地貌、山川、水体、气候、植物等自然地理要素是村落和村落景观形成和发展的基础。村落选址（如逐水而居）、布局（如依山而建）形成了村落整体景观的基底，对于村落整体形态的生成及村落区域内其他景观形态的发展至关重要。按照不同的地形地理位置，村落自然景观可分为山地型村落自然景观、山麓河谷型村落自然景观、平原型村落自然景观、沙漠型村落自然景观、海岛海滨型村落自然景观等几种基本类型。

村落景观是人类历史发展变迁过程中村民以固定生产生活聚集地为中

心不断协调自身与生存环境关系过程中形成的景观形态。民居建筑、道路、耕地、农作物、果园、桥梁、街巷、集市等是村落景观的重要组成部分。聚落中耕地的划分、道路及水系的规划、住宅与耕地的关系、住宅与住宅之间的配置关系反映了人与自然之间、人与人之间最直接的关系，而且直接影响着村落形态的构成与整体风貌。

村落人文景观是具有文化意蕴、精神层面的景观形态，是人类聚居村落的历史过程中在适应当地自然条件、进行社会活动过程中形成的景观形态。宗教信仰、图腾崇拜、传统习俗、历史、审美意识、文学艺术等是村落人文景观的内容。这些内容并非无迹可寻，而是可以通过地方节日、饮食、服饰、婚丧礼仪、村落宗祠、寺庙、精神风貌、行为举止、日常生活习惯等多个方面体现出来。从某个角度而言，正是这些方面体现出村落景观原始而独特的魅力与价值。村落的形态是由自然、人文等各种不同层次的元素共同构成，由于这些元素并不是整齐划一地存在于每一个村落景观中，而是根据客观条件有选择而又自由地进行组合，因而村落景观表现出千差万别、多姿多彩的形态。无论作为外乡游客还是本地人，当你在村落中穿行，所有视觉、感官以及精神领域能够感受到的一切都是村落景观不可分割的组成部分。

村落景观的空间布局从整体而言是以地形、河流走向、道路为基本骨架展开的。体量小、分散的村民聚居单位沿着基本骨架先以巷道、街道等形态聚合成带状形态的村落布局模式，进而形成体量较大的团状村落形态。从产生开始，村落的整体布局处于一个从小到大、从疏到密不断发展的动态过程中。具体而言村落景观布局多种多样，其特征及结构组成可以进行总结梳理。带状村落景观一般地势高、近水源，沿河道伸展，或沿高地成条带状延伸。环状村落景观一般在山地，以池塘、井等水源为中心，绕山环水而建。团状村落景观地形多为平原、盆地，一般为耕作区中心。零散分布状村落景观一般自然条件差、田块小，处于绿洲地区、丘陵和山地缓坡处等。如浙江温州地区的村落一般都是散落在丘陵与山坡处，农田少而地块小，生活条件艰苦。团状村落景观是我国农村地区特别是北方地区最为常见的布局形态，平面形式近于圆形或不规则多边形。一般位于耕作地区的中心或近中心。这种形态在平原和盆地等平缓地形区较为普遍。

村落空间层次是指村落的各个组成部分在具体空间上的表现。从整体而言，一个人最先接触的是村落的自然地理环境，包括山体、水体、农田、道路等，这是一个村落的外部环境，外部环境对村落景观的影响巨大。在村落外围特别是入口处常有大桥、牌坊、林木、标志性建筑物等，这些构筑物以其特有的风格，表现出当地村落文化特征和社会地位。例如，有的村落有进士第的牌楼，表明这个村曾经有人科举进士及第，传递出的信息是该村文化底蕴深厚、重视教育。这些都是整个村落有标志性和开放性的第一层次。第二层次是进入村落所见到的民居建筑、街巷以及相对开发的村落中心公共区域。第三层次是村民日常生活和活动的辅助中心，如私塾学堂、宗族祠堂、井台、碾棚、卫生室、村委会等。第四个层次是村民的私家庭院，包括房屋、厨房、茅厕、牲口圈、储藏间等。

村落景观具有自身独特的结构特征。不同于城市等景观的空间形态特征和结构序列，因为自然、社会、经济、文化等客观因素的不同，作为人类聚居地的传统村落具有自身的结构特征。村落空间布局契合山形水势，道路街巷随地形或水渠曲直而赋形，房屋建筑沿地势高低而组合，这是传统村落景观的基本结构特征。对于原始村落的选址古人非常谨慎，因为它不但关系着个人的命运，也与整个村落的兴衰存亡息息相关。能不能生存下去，是否能获取足够的食物，是否有巨大的自然灾害，这些都需要慎重考察。从人与人的关系来看，村落人际关系一般是由血缘关系、熟人社会的交往模式所组成，因而传统村落景观空间形态相对开放、交叉度较高，具有丰富的景观结构特征。村落景观空间中常设有村民公用的建筑和公共设施，如祠堂、水井、碾棚等，这些场所公共性和透明性较高，村民可以通过它们频繁自由地交流与交往，由此内部逐渐形成较闭合的交往关系。其基础是人与人之间价值观相对统一，村民对于村落有着相同的认知与归属感。农耕社会崇尚"天人合一"的自然与人生观，人与自然具有天然的亲和性和共生性。择高而处、逐水而居、背山面水、广阔的自然腹地，在村落选址时天人合一的思想体现得淋漓尽致。

（二）生产性乡土景观

生产性乡土景观简单而言就是人类在农业（或渔业、畜牧业）生产过程中自然而然形成的景观。生产性景观丰富多彩，既包括麦田、稻田、谷田、高粱田、茶园、梯田（如哈尼梯田）、菜地、果园（苹果园、桃树园）等农田景观，也包括农业机械（水车、播种机）、水利设施（如都江堰）、农业防护林、连栋温室、鱼塘水库等农业设施景观，还包括播种、收割、打鱼、放牧等农业（或渔业、畜牧业）劳作景观，以及手工艺、酿造等民间传统技艺景观和民居建筑景观等。而渔业及畜牧业生产景观也极其丰富多样，有其独有的特征与表现形式。

人类历史从某种角度而言就是生产的历史，没有生产就没有产出，人类就没有赖以生存的物质基础。生产性景观来源于人的生产生活劳动，是对自然的改造和对自然资源的再加工所形成的一种景观，它是一种历史悠久、自古已有的景观，也是一种有文化积淀、有生命力、能长期继承、有目的性和实用性物质产出的景观。生产性人文景观既有自然之美又有创造之美，其范围包括种植业、林业、畜牧业及渔业所形成的农业景观。国内有学者认为农业生产性景观就是将农业作物化为园林造景材料，进行农业生产时营造的生产性景观，它不但给人带来乐趣而且集农业生产与观光休闲于一身，是具有生产、经济、文化、美观、生态效益的综合性景观。

随着社会及生产力水平提高及人口的不断繁衍增长，农耕方式也不断变革，大体经历了撂荒（游耕）耕作制、轮荒耕作制、连种耕作制、轮作复种耕作制、间作套种耕作制、多熟耕作制等不同发展阶段。不同农耕方式由于耕作工具、传统习惯等的不同而造就了不同的农业生产形态，造就了不同的农业景观形态，进而形成了不同的乡土生产性景观。撂荒耕作制是指荒地开垦种植几年后较长时间弃而不种，待地力恢复时再进行垦殖的一种土地利用方式。中国在原始农业时期由于地广人稀，刀耕火种，一般是垦种一年后撂荒，另辟新的荒地垦种，实行年年易地的粗放经营。有时候采用连种若干年撂荒若干年的办法。土地开垦每种植三五年即因杂草丛生或肥力退化而弃耕五年、十年或二十年。这种耕作方式在原始社会相当普遍，现在非洲、东南亚仍有部分地区采用此种方式。对应这种耕作方式是石犁、耘田器等极为原始低效的农业器具，在耕地上采用半靠自然力、半靠人工的措施。农耕场景包括赤脚插秧、挥汗锄草、佝偻拉牛犁田、弯腰播种收割、晒谷扬场等。这些极具原始意蕴的耕作场景成为乡土农耕人文景观的基因。

如今机械化、自动化的耕种方式随着现代科技与农机器具的发展逐渐取代了农民相互协作集体耕种、弯腰赤脚蹚水插秧的劳作方式。田野中徐徐而行、轰鸣作响的农业机器，喷洒农药的无人机在天空盘旋飞翔，错落有致吐着水蛇的自动喷水管道，成为现代农业耕作的日常场景，也成为农业生产性景观。这些景观与原始社会的生产性景观形成了鲜明对照。虽然现在的农业产出效率比原始社会高出许多，但从农业生产性景观的可观赏性、对观看者心灵触动性上而言，著者认为原始的农业生产性景观具有更高的观赏性、意蕴性与吸引力，更能唤起人们对土地的依恋与对田野劳作情景的眷恋。

乡土生产性景观的构成元素多种多样，不同地区、不同民族由于农耕方式的不同，景观构成元素也有不同之处。具有物质形态的水车、水渠、翻车、木槽、筒车、犁、锄、耧车、铲、锤、镰、磨、碾、水井、吊桶、粮囤、打谷场、耕牛、毛驴、灌溉渠系工程、海塘工程、陂塘工程、井灌工程等都是常见的乡土生产性景观构成元素。农田是农作物生长与农民耕种的载体，是人们进行各种农业生产活动的地方，是乡土农耕景观中最重要的元素之一。在不同土壤、不同气候、不同水文条件及不同耕作方式下，不同农作物种植营造不同的植物景观，进而呈现出不同的乡土生产性景观。北方麦田、南方稻田、高粱地、谷地、番薯地及玉米地等都呈现出不同的农业景观，由于耕作方式、播种收割季节、使用工具等的不同，在劳作时必然呈现出不同的场景，进而呈现出不同的乡土景观。

从历史与学术的角度而言，乡土生产性景观在西方最早是与宗教相关的活动：在神殿等宗教崇拜场所周围营造种植大麦、茴香、莴苣等作物的土钵，这些有意作为摆设，种植作物的土钵是人为营造的与农耕相关的景观。营造目的可以推理出多种，但客观上它成为农业景观，某种意义上起到观赏、烘托、崇拜的作用。蔬菜园和果园在中世纪修道院庭园中是常见的实用庭园，另一方面可以欣赏，一方面可以种植食用。在文艺复兴时期的造园活动中，许多贵族或私人都经过规划，设计营造种植了果树等作物、观赏与实用功能兼具的景观性花园。不同的家庭有不同的爱好，因而有不同的种植作物。如比萨植物园中引种了核桃和木瓜，玛达玛庄园种植柑橘和无花果，卡斯特洛别墅园种植水果，卡雷吉奥庄园引入果园设计。

随着生产力水平的提高，普通百姓的生活水平也相应提高，市民追求高质量生活成为一种现实可能。德国是欧洲较早发展都市农业的国家。据考证，最早的市民农园起源于中世纪德国贵族的 Klien Garden。这种农园是在自家庭院中划出一小部分作为园艺用地，一方面享受亲手栽植的乐趣，另一方面使环境更加优美。为了扩大 Klien Garden 的应用范围，提高普通市民的生活质量，德国政府于 19 世纪初开始向市民提供小块田地，供他们营造自给自足、自娱自乐的"小菜园"。19 世纪后半叶逐渐建立起市民农园体制，这是最早将生产性景观和家庭（特别是城市家庭）建设相结合的典范。由于这种市民农园具有观赏与实用双重价值，因而成为现代农业观光园生产性景观发展的雏形。

　　中国具有乡村生产性农业性质的景观可以追溯到殷商时期具有中国园林雏形的苑、囿、园、圃等，它们是社会及农业生产已经发展到一定水平满足统治阶层需要的产物。伴随唐朝经济社会及文化艺术的繁荣，中国出现了历史上最早的含有生产性景观主题的园林。宋代皇家籍田八卦田（八卦田一共种植着九种农业作物）、号称"梯田世界之冠"的元朝龙脊梯田、元明清时期的皇家园林及其周围都营造了或优美层叠或迤逦蜿蜒或气势恢宏的稻田，用以满足城市人及帝王对田园风光的追求。由于资源匮乏、人口密度大等原因，中华人民共和国成立后虽然倡导"园林结合生产"，但难以大范围展开。南京玄武湖的藕、雨花台的茶叶，北京什刹海的水产是中国城市发展生产性景观的遗存。改革开放后越来越多的人认识到回归自然和生产性景观的重要性，将生产性景观融入城市各类空间的探索和规划设计的实践在国内渐次出现，中国美术学院象山校区的艺术田园景观、沈阳建筑大学的稻田景观等是"生产性景观引入城市开放空间"的典型案例。

　　观光农业是通过合理规划、设计、施工，广泛利用城市郊区空间、农业自然资源、乡村民俗风情及乡村文化等条件建立具有农业生产、生态、生活于一体的观光农业区域。随着社会与科技的发展，现代农业既具有生产性功能又具有提供观光、休闲、度假的生活性功能以及改善生态环境质量的功能，是对原生态的适应性改变和对产品成果的资源再利用，因而越来越受到国内外青睐。欧洲国家20世纪80年代出现了可以种植果蔬，具有生产性的城市公园，是将农业生产性引入城市观光旅游业景观的开拓性尝试。日本的观光农业较为发达，起初由都市农业公园发展而来。随着城市与工业污染的加重，城市社区居民对劣质农作物及食品的担忧越来越重，经过规划设计，或在自家院落，或者在农村，或者在城市荒芜之地纷纷自种作物。由于经过精心设计，这些农家园地也具有了观赏价值。如今在中国国内城镇化进程加快，大量基本农田被蚕食，人们需要一种回归自然、返璞归真的心理发泄与皈依感，因而观光农业也越来越成为一种新兴的产业。由于它以生产功能为基础，景观营造积淀于日常农业生产活动方式，是一种有文化、特殊物质形态的新业态，因而受到越来越多人的青睐。丹麦的奥弗高庄园、芝加哥北格兰特的艺术之田、美国新奥尔良的 Viet 都市农庄等，或者采用农田和风电场结合，或者采用雨水回收利用与湿地净化结合，或者采用果园农田与蔬菜园结合，都是生产性景观致力于与生态恢复、新能源利用等多种技术手段联合的现代生产型景观设计的典范。

乡土生产性景观具有自身的特征。综合而言可以概括为下列五个特征。

1. 生产性特征

农业生产是农耕社会得以生存与发展的根本。生产性景观具有与农耕社会几乎同样悠久的农业生产传统，生产是其最基本的功能之一。一方面，农耕生产解决农民的温饱问题，提供最基本的农作物粮食产出，没有生产产出，整个社会无法生存下去，民以食为天。另一方面，生产大量具有相当可观经济价值的农副产品，既可以增加农民收入，也可以补充身体所需的营养，改善人民生活。因而生产性景观中的生产功能是最基本的功能。当然不能一概而论，城市中的某些农业景观类型，在规划设计之初的主要功能是审美观赏。皇家园林或贵族园林的农业景观也是如此。大面积的农村生产性景观的主要功能是生产。

2. 地域乡土文化性特征

地域通常是指一定范围的地域空间，是自然要素与人文因素作用形成的综合体。由于每个地区的自然生态（地理、气候、水文、土壤墒情等）环境不同，每个地域进行农耕生产的耕作方式、耕作工具、耕作场景差异较大，相应的生产性景观呈现出显著的地域特色。例如，麦田的耕作景观与水稻田的耕作景观差异巨大。麦田里没有水，稻田里则必须有充沛的水资源。其实农耕乡土文化地域特色与该地域生产传统方式、民风民俗、历史文化、图腾信仰等特点紧密相关，是这些因素的集中表现。地域性农耕生产景观展现了当地人生产生活的精神风貌与成果。

3. 社会性特征

乡土农耕生产性景观除了具有产出功能外，还具有社会教育、休闲娱乐、强身健体功能等其他功能。在传统农耕社会，虽然人民的耕作主要以个人或家庭为单位完成，但在实际操作中离不开其他人员的劳动协作，农耕劳动从某种意义上而言是一个良好的不可或缺的互动平台。例如，农田的灌溉就需要多人的协作甚至是政府的参与才能完成。都江堰是世界文化遗产、世界自然遗产国家级风景名胜区。它坐落在成都平原西部的岷江上，始建于秦昭王末年，是蜀郡太守李冰父子在前人基础上组织修建的大型水利工程，两千多年来一直发挥着防洪、灌溉的作用，凝聚着中国古代劳动人民勤劳、勇敢、智慧的结晶。都江堰水利工程无疑是一个互动平台，人们通过共同修建、共同使用、共同管理建立了协作关系，这就体现了它的社会性特征。农耕生产性景观及其各种基础配套设施既可满足人们亲近自然的多种需求而得到精神满足，又可在参与过程中寓教于乐，获得劳动成果与增长知识的乐趣，体验"谁知盘中餐，粒粒皆辛苦"的真正含义。

4. 生态性特征

生态（ecdogy）一词源于古希腊文，本意是指家（house）或者环境。健康的、美的、和谐的事物均可冠以"生态"修饰。生态是一切生物的生存状态，以及生物之间和生物与环境之间环环相扣的关系。农耕生产性景观除了满足生产功能之外还兼具重要的生态功能。例如，绿色植物通过光合作用吸收二氧化碳释放氧气，对生态环境具有明显的改善作用，完整完善的农业生态是一个保障极具复杂性和物种多样性的生态环境平衡与稳定的系统。通过植物、水循环等调节微气候、净化水质、空气等生态功能。

由于以前人们没有认识到植物及农作物对生态的修复功能，滥砍滥伐破坏了生态系统，沙漠化、空气污染、水体污染等给人类带来了巨大危害。生产性景观中农作物及其附属作物的生长与繁衍对土壤动物和微生物以及地上植物的定植和延续具有极大的正向作用，推动生态系统的物质和能量循环以及信息的传递，增强景观内生态系统的自我修复能力，对于提高景观生态系统的稳定性和抵御外界干扰能力作用十分明显。

5. 审美特征

美丽的田园风光自古以来就是人们赞美、向往的对象。无论何时人们骨子里无不埋藏着对炊烟袅袅、鸡鸣犬吠的田园风光、乡间野趣的渴望。王维《鸟鸣涧》："人闲桂花落，夜静春山空。月出惊山鸟，时鸣春涧中。"苏轼《惠崇春江晚景》："竹外桃花三两枝，春江水暖鸭先知。蒌蒿满地芦芽短，正是河豚欲上时。"赵师秀《约客》："黄梅时节家家雨，青草池塘处处蛙。有约不来过夜半，闲敲棋子落灯花。"王驾《社日》："鹅湖山下稻粱肥，豚栅鸡栖对掩扉。桑柘影斜春社散，家家扶得醉人归。"白居易《村夜》："霜草苍苍虫切切，村南村北行人绝。独出前门望野田，月明荞麦花如雪。"陆游《游山西村》："莫笑农家腊酒浑，丰年留客足鸡豚。山重水复疑无路，柳暗花明又一村。箫鼓追随春社近，衣冠简朴古风存。从今若许闲乘月，拄杖无时夜叩门。"孟浩然《过故人庄》："故人具鸡黍，邀我至田家。绿树村边合，青山郭外斜。开轩面场圃，把酒话桑麻。待到重阳日，还来就菊花。"杜甫《绝句》："迟日江山丽，春风花草香。泥融飞燕子，沙暖睡鸳鸯。"以及陶渊明的《桃花源记》中"屋舍俨然，有良田美池桑竹之属。阡陌交通，鸡犬相闻。其中往来种作，男女衣着，悉如外人黄发垂髫，并怡然自乐"等场景都是我国古代乡村或农耕生产性景观的写照。乡土农耕景观特有的表现形式、结构元素、色彩组合所呈现出的美丽画面具有强大的自然感染力与吸引力。田园农耕生活所蕴含的朴素感、美感、宁静感、愉悦感、轻松感成为生态旅游、乡村旅游、农业观光旅游的魅力源泉。

古生物学家与考古学家认为距今 300 万至 200 万年前人类祖先已经能够制造简单的工具。距今约 30 万至 4 万年前，尼安德特人已能用火熟食。旧石器时代的人类发展了狩猎技能和基本的御寒能力。距今约 3.5 万年前，人类的祖先完成了自己的整个进化过程，成为能思维的人。新石器时期的农耕文化从美索不达米亚两河之间（底格里斯河、幼发拉底河）沿地中海沿岸和大西洋向西传播。人类的聚落逐渐从密林中移出，上天神灵的观念逐渐占据了人们的心灵。头顶苍穹的人们将原有的日夜节奏扩展成了年岁节奏。原始人类石构与土筑的纪念性景观是早期建筑文化的主要表达，也是我们所研究的景观想象最初的历史形态。

随着生活条件及生产力水平的提高，人们开始根据各自地域的环境特点营造居住建筑。人类学结合考古学的研究成果显示，迄今最原始的人类居住点只是在泥土地上挖开的空洞，即"穴居"，是人类最早的"民居"形式。穴居还有其他的形式，例如，架在树上有点像鸟窝的建筑，是中国乡土建筑中最为原始的类型之一。在中国历史古籍文献中有许多关于远古时代穴居的记载。《易经》云："上古穴居而野处，后世圣人易之以宫室。上栋下宇，以待风雨，盖取诸《大壮》。"《礼记》则曰："昔者先王未有宫室，冬则居营窟，夏则居橧巢；未有火化，食草木之实、鸟兽之肉，饮其血，茹其毛。……后圣有作，然后修火之利……以炮（烧、烤）以燔（烤）以亨以炙，以为醴酪。"这些文献资料佐证了"穴居"是人类最早的居住建筑形式。穴居是地域性民俗建筑文化因地制宜特征的写照。由于穴居具有许多优点，即使现在依然以变化的形态存在，如陕北的窑洞、地坑院等。

中国的居住建筑从开始的"穴居"逐渐发展成为"干阑"①（《魏书·

---

① 朱淳，张力.景观建筑史［M］.济南：山东美术出版社，2012：13.

僚传》中记载"僚者，盖南蛮之别种，以居其上，名曰干阑"。"干栏"是对我国架卯榫连接木楼建筑的称呼，现在保留比较完整的干栏木楼大多分布在广西、湖南、贵州等一些少数民族地区)、"碉房""宫室"等建筑类型。"随着氏族家庭的繁盛，一些由家庭结成的小群体出现了，原始的村落出现了它的雏形。"① 在民居演进中，穴居建筑的出现具有重大意义。"穴居"最初有两种形式：一是源于旧石器时代未经人类改造的天然洞穴；二是进入农耕时代以后逐渐发展成熟的穴居建筑。穴居建筑散布在中国人口稠密的黄河流域，以西安半坡仰韶文化遗址、北京周口店猿人洞穴、陕西蓝田锡水洞穴等为代表。穴居一般适合北方干旱与寒冷的地区，而与"穴居"相呼应的另一类民居"巢居"则大多分布在南方湿热的地方。巢居是指底层架空、上层住人的居住形式。文献上的"巢居"，大体是指干栏式房屋。它是低洼潮湿而多虫蛇地区采用的一种原始居住方式。《韩非子·五蠹》："上古之世，人民少而禽兽众，人民不胜禽兽虫蛇，有圣人作，构木为巢，以避群害，而民悦之，使王天下，号之曰'有巢氏'。"《博物志》称："南越巢居，北朔穴居，避寒暑也。"《庄子·盗跖》："且吾闻之，古者禽兽多而人少，于是民皆巢居以避之。昼拾橡栗，暮栖木上，故命之曰有巢氏之民。"《孟子·滕文公》："下者为巢，上者为营窟。"该建筑形制是以桩木为基础，构成高于地面的基座，以桩柱绑扎的方式立柱、架梁、盖顶，最终建造成半楼式建筑。余姚河姆渡文明是南方巢居建筑的文化代表。四川成都商代干栏遗迹、广东汉明器干栏陶屋、云南晋宁石寨山文明等都显示巢居文明的存在。

(三) 乡土建筑景观

乡土建筑景观是指以地方建筑风格和历史色彩民间住宅为主体的景观。乡土建筑景观在营造之初是以居住为主要功能建造的，从建造到成为

---

① 朱淳，张力. 景观建筑史［M］. 济南：山东美术出版社，2012：13.

景观是一个无意识的过程，是时间流逝的结果。乡土建筑的定义在《乡土建筑遗产宪章》中进行了阐释：（1）应具有群体共享模式的建筑特色；（2）一种能与当地环境相呼应并且具有容易识别的地域性或具有一定的当地人文特色；（3）建筑风格、外观，形式有一定的连贯性，或者与传统建筑之间的使用统一；（4）要有通过一定的非正常途径流传下来的设计和建造这些建筑的传统工艺；（5）能够因地制宜，能够对当地社会和功能的限制做出的有效地适应；（6）能够对历史流传下来的传统建造系统与工艺特色进行的有效使用。① 在《建筑通史》中布鲁斯·阿尔索普有关乡土建筑有如下描述：建筑有两种建筑类型，"设计的建筑"和"乡土的建筑"。建筑大师纳德·鲁道夫斯基认为乡土建筑是没有建筑师的建筑②。早先的民间建筑只注重实用，没有经过特意地设计和思考，建筑具有自发性，因而也可以称为乡土建筑。经过人工思考、设计的建筑是"设计的建筑"，它们不是无意识自然出现的。乡土建筑是具有自发性、民间性、地域性和传统性等特征的建筑。

---

① 杨新平.《乡土建筑遗产宪章》与我国乡土建筑保护 [N]. 中国文物报，2007 –
04 – 13.
② 〔美〕伯纳德·鲁道夫斯基. 没有建筑师的建筑：简明非正统建筑导论 [M]. 高
军，译. 天津：天津大学出版社，2011：1.

第四章

乡土元素与乡村人文景观的关联性研究

第一节　文化与乡土景观

文化与景观的关联十分紧密。目前学界对景观的理解有多种。景观其中的一层含义就是某一区域的综合特征，包括自然、经济、文化诸方面。景观特别是人文景观本身就是文化的一种形态。祠堂、私塾、风俗习惯、乡规民约、老屋民居、农耕劳作场景等既是一种景观，又是文化的载体与表现形态。景观的文化属性决定了它与文化之间的紧密关系，而乡土景观与文化的关系更为密切，从发生学的角度而言它们是相伴生的，难以进行严格的区分。

人文景观是文化的组成部分，而文化对于景观的形成与形态展现具有重要影响，其影响有时候表现为直接的指导引领作用，有时候是潜移默化的作用，间接地起到指引景观形成方向与表现形态的作用。景观特别是乡土人文景观自身是文化的产物，因而起源于乡村的伦理道德、宗教信仰、朴素的哲学感念、审美理念、工艺美术形态、风俗习惯、风水文化以及农耕方式、乡村制度、国家政治等对乡村人文景观的规划设计、营造、管理与修缮等都有直接或间接的影响。从大的地域来看可以有更直观的感受。在此我们以饮食文化为例进行说明。饮食历史虽然与人类历史一样久远，但饮食文化却是社会文明发展到一定阶段的产物。旧石器时代中国最早的有巢氏并不懂人工取火和熟食，茹毛饮血的饮食状况不属于饮食文化。燧人氏钻木取火，从此熟食，进入石烹时代。伏羲氏在饮食上，结网罟以教佃渔，养牺牲以充庖厨。陶具使人们第一次拥有了炊具和容器，神农氏"耕而陶"，为制作醯、醢（醋）、酪、酢、醴等发酵性食品提供了可能。明清的饮食文化是唐宋食俗后的又一高峰。满族、蒙古族的饮食与汉族饮食相互融合，饮食结构有了很大变化，代表清代饮食文化最高水平的是满汉全席。

　　饮食文化随着中华文明源远流长，呈现出几大特点。一是风味多样，有"南米北面"之分，口味有"南甜北咸东辣西酸"之分。从地域上来分主要有巴蜀、齐鲁、淮扬、粤闽四大风味。饮食随季节变化。中国人善于根据四季变化搭配食物，夏天多吃清淡爽口的食物，冬天多吃味醇浓厚的食物。二是讲究美感。制作的食物不仅讲求味，还讲究欣赏之美。中国人的饮食非常注重情趣。例如，给食物或菜名取一些如"炝凤尾""蚂蚁上树""狮子头""叫花鸡"等富有诗意的名字。中国的饮食以中和为最高原则。《古文尚书·说命》中就有"若作和羹，尔惟盐梅"的名句。中和之美是中国传统文化的最高的审美理想。不同地区的饮食习惯、烹饪方式及炉灶、厨房等的不同，所对应的与饮食文化相关的人文景观就表现出差异性。古代东北地区做饭烧木柴、山东乡村地区烧麦秆等农作物余料，南方地区则烧水稻茎秆等。由于所烧的原料不同，所营造的炉灶也不同，那么建立在饮食文化之上的炉灶景观也就表现出差异性。在进食、赴宴、喝酒、猜令等方面各地区差异也比较大，与之相应的器具、桌椅、酒店造型与布置等方面也自然表现不同，由此而知文化对景观的影响之深。

　　《景观与城市规划》期刊联合主编、美国学者琼·纳绍尔（Joan Nassauer）早在20世纪90年代发表了中文名译为《文化与景观结构变化》的文章，在该文章中作者研究了文化如何影响景观结构的变化，认为文化从某种意义上塑造或成就了人文景观。纳绍尔认为景观可以透过文化的软实力提升自身的品质①。软实力是哈佛大学教授约瑟夫·奈（Joseph Nye）提出的一个概念，是相对于国内生产总值、城市基础设施等硬实力而言的，是指一个国家的文化、价值观念、社会制度等影响自身发展潜力和感召力的因素。纳绍尔认为景观也会对文化产生潜移默化的作用。文化与乡土景观的关联紧密，两者相辅而行。两者之间的影响许多时候是隐形的、潜移默化的，是双方面，不是单方面的。一方面，文化让乡土景观的内涵更加丰富，指引景观的发展；另一方面，乡土景观是文化的承载物，能够保存并促进文化的发展。纳绍尔编著的 *Placing Nature：Culture and Landscape Ecology* 探讨了人类行为的选择是如何对未来的景观形态产生影响的，鼓励多种学科的交叉建设。

景观特别是人文景观需要借助文化表达自身的内涵，一个景观如果没有文化内涵，没有文化底蕴，那么景观自身就缺乏灵魂，也不可能是一个好的景观，在历史发展中必然很快被湮没。当人的文化层次越高时，他对景观的文化内涵要求就越高，俗丽的外表难以展现持久的景观魅力。同时文化依靠景观作为载体进行展现与传承，文化本身如果脱离了载体难以有效传播。例如，哈尼族是中国西南部的少数民族，被外人生动地称为"大山的雕刻家"，以梯田陆地农耕经济为主，哈尼族以山谷间千层的梯田著称于世，形成十分波澜壮阔的景色。梯田成了哈尼族人乡土文化（传说、世界观、审美观等）的载体。如果没有梯田这一乡土景观，红河地区美丽的景色、哈尼人的特色文化难以如现在这样得到世界各地人的关注，因而文化的载体景观对文化的传承、对理解文化的内核必不可少。也就是说，哈尼人认为，自开天辟地以来便有了稻子。因而文化可以通过景观进行可视化表达，并透过景观反映其内在含义。特别对于非物质类文化，必须借

---

① GOBSTER P H, NASSAUER J I, DANIEL T C, et al. The shared landscape：what does aesthetics have to do with ecology? ［J］. Landscape Ecology, 2007, 22（7）：959 – 972.

助景观这个平台或载体进行物化而成为一种可感的存在。乡村中的街道、植被、民居、寺庙、构筑物等都是乡村多元文化的载体，它们都见证了文化的变迁，也成为历史文化流淌的痕迹。通过景观这一形式表现出来的文化更容易留存下来，成为历史的见证者，也更容易被人们所理解和接受，因此，利用景观传播文化是一种有效途径。

乡土文化、地域文化与文化之间也存在着关联，它们之间的相互关系值得研究。乡土文化是建立在乡村土地之上具有农耕社会特征的文化，是大文化的一个组成部分。它与文化的关系是包含与被包含、部分与整体的关系。整体与部分是辩证统一的关系。整体居于主导地位，统率着部分，具有部分不具备的功能。部分离不开整体，要求树立全局观念，立足整体，统筹全局，实现最优目标。乡土文化受国家、民族等具有整体性质文化的指导与统帅。例如，山东鲁中山区的乡土文化，它是山东齐鲁文化、中华文化及世界文化的一个较小的组成部分，它本身受到齐鲁文化、中华文化及世界文化等大文化性质的影响。鲁中山区的乡土文化虽然受到大文化环境的制约与影响，但它作为一个组成部分，自身充满活力，它的变化反过来也影响齐鲁文化、中华文化的发展变化。如果这种乡土文化变革的动力足够强大，它在某些时段也可以成为大文化发展的动力与变革方向。

地域文化是某一地方区域范围内具有地方特色的文化，是大文化的一个组成部分。它与文化的关系也是包含与被包含、部分与整体的关系。地域文化是一种动态的、不断发展、不断创新的文化。地域文化的范围可大可小，从大的区域而言，黄河流域文化、长江流域文化、齐鲁文化、东北文化、巴蜀文化、吴越文化等都可以称之为地域文化。从小的范围而言，一个县域甚至乡镇的文化也可以称之为地域文化。黄河三角洲文化、舟山文化、胶东文化、益州文化、临汾文化等都是地域文化。山东省淄博市境内的孝妇河是一条以美丽传说故事命名的区域范围较小的河流，但范阳河两岸有共同的文化基因，因而范阳河流域也可谓之区域文化。

乡土文化与地域文化之间关系紧密，二者既有差异又有重叠交叉，并不是简单的部分与整体的关系，也不是完全不同的两种文化。地域文化包括城市文化及其他一些文化，而乡土文化一般是指某一区域内以乡村文化为主的文化，但二者有时候大体上基本等同，如康巴文化。康巴藏区位于横断山区的大山大河夹峙之中［即四川的甘孜藏族自治州、阿坝藏族羌族自治州（部分）、木里藏族自治县，西藏的昌都市，云南的迪庆藏族自治州，那曲东三县（比如，巴青、索县），青海的玉树藏族自治州等地区］。康巴人较早接受了黄河文化、巴蜀文化、长江文化和来自云南少数民族文化中的精华部分，形成了具有丰富内涵和底蕴的康巴文化。康巴文化是地域文化，也可以称之为乡土文化，因为该地区主要是农民与牧民为主，乡土气息极其浓厚。由于康巴藏区有一定的边界，在这个区域内的文化具有同质性，并与其他地区的文化具有明显差异性，因而表现出较强的地域特色。

齐鲁文化虽然可以称之为地域文化，但不能简单称为乡土文化，因为齐鲁文化中包含浓厚的城市文化与儒家文化。儒家文化是中华文化中的核心部分，因而不能称之为乡土文化。而齐鲁文化区内的部分地区可以称之为乡土文化。如前文所言淄博市范阳河流域文化，它地处鲁中地区，也是齐鲁文化区域的核心地带，它的流域主要流经乡村地区，受城市文化的影响较小，其流域的某些文化元素具有同质性与乡土性，因而可以称之为乡土文化。

地域文化与乡土文化具有许多共同的特性。首先，二者既具有封闭性也具有开放性。无论乡土文化还是地域文化都具有地域范围的限定性，这一地域具有封闭的排他性，具有自我净化的作用，不受外来因素的影响。但一种文化特别是优秀的文化必须在保持自身特色基础上积极吸收外来积极因素以获取自身的生存空间与发展空间，在吸引优秀外来文化因素的过程中得到发展。如果一味排斥外来积极因素，即使是优秀的文化，天长日久，必然失去变革的能力，终被时代淘汰。如果不坚持自己的特色，来者不拒地接受外来因素，天长日久必然迷失方向、失去自我，也终将被时代淘汰。

地域文化与乡土文化应具有不断与外部环境进行物质、能量、信息交流的功能，以平等包容的姿态取其精华，创新发展，实现自身文化质的飞跃。在全球化时代，各种文化都希望凭借自身的优势走出去，发扬光大，因此，现实中文化之间的博弈非常激烈。博弈论又被称为对策论（Game Theory），既是现代数学的一个新分支，也是运筹学的一个重要学科，是研究具有斗争或竞争性质现象的数学理论和方法。博弈论考虑游戏中个体的预测行为和实际行为，并研究它们的优化策略。如今博弈论已经在国际关系、政治学、军事战略和其他很多学科广泛应用。基本概念包括局中人、行动、信息、策略、收益、均衡和结果等。文化之间的博弈，特别是国家文化之间的博弈牵扯的利益较多，因而极为复杂。乡土文化之间、乡土文化与外来的民族文化、政治文化、西方文化及其他文化之间存在既相互竞争又相互影响及吸收的过程，就是一个博弈过程。乡土文化与地域文化在目前的环境中所面临的挑战与困难比以前更大。现在信息交流日益快捷、各种文化风尚风起云涌，必须时时面对外来文化的侵袭，这是不可改变的现实。乡土文化与地域文化既要在保持原有特色的基础上生存发展下去，又必须与外来文化互动，积极吸收外来文化中积极的因素使自身变得强大起来。一味地故步自封，必然被时代大潮所抛弃。同时也必须有所甄别，如果一味全盘吸收，长期而言必然失去自身特色而被吞没或同化。

第二节　乡土文化与景观之间的关系

乡土文化与景观之间的关系较为紧密，可以从多个角度、多个层面进行探讨。景观是指一定区域呈现某种视觉效果景象的综合，该视觉效果是复杂的自然过程（多指自然景观）和人类活动（多指人文景观）在大地上的烙印，视觉效果从某种意义上反映了土地及土地上的空间和物质所构成的综合体。概括而言，景观与文化之间是一种融合交织的关系，景观只有富有文化意蕴的才是最有魅力的，文化依托精致的景观不但得以保存而且能够发扬光大。对于乡土文化而言，景观是不可或缺的载体与传播工具。景观是表达和传承传播乡土文化的重要载体，而乡土文化是景观特别是乡土景观营造的灵魂。地域性是景观的固有属性，景观与地域紧密相连，并且是一种客观存在。农村的乡土景观如果没有乡土文化的渗透与烘托，乡村风貌就失去了本身的乡土特色和味道，变为不伦不类的堆砌物。在进行景观设计与营造时只有深入挖掘乡土文化及其元素，并且通过巧妙的艺术手法将其体现在景观中，才能创造出极具乡土特色、富有魅力的景观。

一方面，乡土文化或地域文化成就了景观。某一区域、某一场所中位置显要、形象突出、公共性强的人工建筑物或自然景观或历史文化景观被称之为标志性景观。标志性景观通过体现所处场所的特色，融合相应的人文价值，对周围一定范围内的环境具有辐射和控制作用，经时间的沉淀最终成为人们辨别方位的参照物和对某一地区记忆的象征。世界上许多著名的标志性景观，正是因为融入了乡土地域文化，才能独树一帜，源远流长。例如，四川的九襄石牌坊，它位于四川汉源县九襄镇，紧靠九襄老街的古代南方丝绸之路上，古时有"成都南门第一坊"美称，被省政府批准为省级文物保护单位。当地老人称这些牌坊为"九襄双节孝石牌坊"。牌坊上有许多图画故事，其中有"十二寡妇征西"（《"穆桂英挂帅"》），该故事展现了古代妇女忠烈节义及巾帼不让须眉的感人事迹。这些乡村的标志性景观体现了深厚的乡土文化底蕴。这些戏剧故事都经过了乡村居民的加工删减，不符合乡土文化精神的删除，符合乡土文化精神的，不但要保留而且还要发扬光大。当一个外乡人漫步村口领略乡村风貌时，往往被精美的牌坊与其中蕴含的文化张力深深吸引。

另一方面，景观作为载体与传播工具，为乡土地域文化搭建了一个极好的展示平台，乡土地域文化能够通过景观被更多人接触了解并加以传播，这对一些不为人知、相对弱势的文化资源而言意义重大。例如，贵州著名的西江千户苗寨就是一个极好的例证。西江千户苗寨是一个完整保存苗族原始生态文化的地方，位于贵州省黔东南苗族侗族自治州雷山县东北部的雷公山麓，是全世界最大的苗族聚居村寨。西江千户苗寨是一座露天博物馆，成为观赏和研究苗族传统文化的平台。现在西江千户苗寨是一个著名的旅游景点，2010 年游客量为 68.9 万人次。创收门票纯收入 1707 万元。2017 年 12 月西江千户苗寨荣获中国 2017 年全国名村影响力排行榜 300 佳荣誉称号。千户苗寨本身是极具苗族乡土特色的建筑景观，每年几十万、上百万的游客参观，客观上为展现苗族乡土文化搭建了一个极为有效、极其成功的平台。游客在观赏苗寨景观时不知不觉了解了苗寨乡土文化，了解了当地苗族的风俗习惯、审美观念、历史文化等知识，客观上起到了传播苗寨乡土文化的功效。著者也曾在 2013 年去过西江千户苗寨，它独特的文化与历史给我留下了深刻的印象。当时游客众多，人群中不时传出惊叹声。设想一下如果没有标志性的乡土建筑景观苗寨，必然没有如此多的外族人、外国人了解当地苗族的乡土文化。苗寨景观最成功的一点是它纯正、原汁原味、土色土味的苗族乡土文化元素在苗寨中的完美嵌入。设想一下，如果苗寨没有苗族文化元素作为其标志性特色，即使建设得非常美丽，能有那么多人历经几百里甚至几千里来到偏僻的大山之中参观吗？显然不会。因此，在景观设计中深入挖掘乡土地域文化并进行与自然和谐创造性的规划设计，营造具有深刻文化内涵的景观，十分必要。

一、乡土文化与景观之间的关系

乡土文化与景观紧密关联，二者之间存在着辩证关系。

（一）景观与乡土文化相辅相成

景观特别是好的景观必须同时具备审美性、独特性、功能性以及观赏性等特性，能为传承、发展乡土与地域文化提供发展空间。一方面，从某种意义而言，好的景观必须嵌入乡土元素才能换取人们最原始的对自然、农耕社会的情感，使景观的层次迈上一个台阶，而且许多乡土文化元素不但是景观的必要组成部分，而且能够起到画龙点睛的艺术审美效果，因而乡土文化对于景观本身具有十分重要的作用与价值。另一方面，景观为乡土文化及其元素提供了展示的平台，优秀标志性景观可以吸引大量游客参观，可以吸引媒体报道，这客观上为乡土文化的传播起到了非常重要的作用，对于乡土文化的发扬光大至关重要。没有景观作为载体，许多乡土文化及其元素可能长期处于边缘化、被遗忘的状态，最终走向消亡。因此，乡土文化与景观之间存在相辅相成的关系。

乡土文化在景观中的表现形式主要有形似和神似两种。形似与神似对称，本来为中国画术语，后来泛指艺术作品（绘画、文学作品、雕塑、影视戏剧等）的外在特征。战国荀况有"形具而神生"之说。南朝齐范缜亦有"形存则神存，形谢则神灭"之说。形似与神似是统一的。南朝宋宗炳认为虽主"万趣融其神思"，坚持"以形写形""以色貌色"。东晋顾恺之说得更明确，主张所谓"以形写神"的观点。清代邹一桂说："未有形不似反得其神者。"故"形似"为绘画的始基。但于形似中求神采，仍为艺术造型之终极。形似是一种物态的表现方式，主要表现手法有点睛、再现等，以物态为载体表现作者的思想感情。神似是一种非物态的表现方式，以具体的景观为载体表现文化、思想理念、精神价值观等，是一种更深层次、难度更大、艺术性更高的体现，能让人深刻体验景观中深厚的文化底蕴、诗意的意境、铿锵的民族精神等，主要表现手法有提炼、夸张等。形神兼备是指书法和雕塑绘画作品，不但有美妙的形态且有神韵。上品乃艺术作品也。形神是形貌神情。兼备是同时具备几个方面，它是一种最高级别的表现手法，形与神融合于一体，灵活运用是景观设计与营造的指导原则。

（二）乡土文化是景观设计与营造的艺术源泉

灵感是指不用平常的感觉器官而能使精神互相交通，亦称远隔知觉，或指无意识中突然兴起的神妙能力。艺术灵感或灵感思维是艺术家在创造活动中产生的一种特殊的心理状态和思维方式，具有突发性、超常性、易逝性等特点。灵感是显意识和潜意识在一定抽象思维和形象思维的基础上相互作用产生新概念、新意象的顿悟式和突发性思维方式。初唐四杰之一王勃在《广州宝庄严寺舍利塔碑》中曾这样描述灵感思维："以法师智遗人我，识洞幽明，思假妙因，冀通灵感。"从古至今艺术灵感对于艺术创作非常重要，许多艺术精品（如文学、绘画、雕塑等）来源于艺术家的灵感。景观设计对于景观营造及其效果而言十分重要，没有好的设计就没有好的景观作品。在景观设计与营造中灵感的来源多种多样，可能是其他作品的启发，可能是在阅读欣赏中的偶然发现，可能是苦思冥想的结果，可能是别人的点拨，可能是睡梦中的启示。乡土文化及其元素是景观设计中灵感的重要来源，无论在理论上还是实践中都是毋庸置疑的客观事实。

在乡村环境中寻找创造灵感是许多艺术家经常采取的策略，许多人由此取得了重大成就，王澍便是极好的一个例证。王澍是著名的建筑学家、建筑设计师，当代新人文建筑的代表性学者，中国新建筑运动中最具国际学术影响的领军人物。2012 年获得"建筑界的诺贝尔奖"普利兹克建筑奖。王澍善于从乡村中寻找建筑与景观设计的灵感。瓦爿就是破瓦片。瓦爿在古书中多有记载。清代朱骏声《说文通训定声·乾部》："甌……谓破瓦。今苏俗瓦爿字当作此。俗呼爿如办平声。"旧题宋代苏轼《物类相感志·身体》："脚跟生厚皮者，用有布纹瓦片磨之。"清蒲松龄《聊斋志异·山神》："肴酒一无所有，惟有破陶器贮溲浮，瓦片上盛蜥蜴数枚而已。"王澍借用浙江民居坡屋顶形式和浙东地区传统"瓦爿墙"对浙江富阳文村的景观改造就是他善于运用乡土文化元素的例证，也是他从乡土文化中获取灵感的例证。他设计的宁波博物馆也是他利用瓦片创作的精品范例。带有手工印记和时间信息的旧砖瓦作为博物馆外墙体材料，很好地表达了建筑性质，外形简约而富有创意。黑瓦、石墙、长草、斑驳的泥土、水渍和青苔、有意营造的粗犷。他以民间收集的明清砖瓦组成的瓦片墙和毛竹替代钢筋混凝土墙作为装饰突出江南民居的特色，并且砖墙的砌筑和窗口的布置在无序和有序间找到平衡，使之既具有现代感又具有浓浓的乡土气味，也是地道的中国风味。王澍在设计中国美院新校区时，没有将其设计成流行的现代建筑规划模式，而是将其打造成一个桃花源般美丽的、具有传统田园特质的新型校区。如何实现这一效果呢？在设计中国美院象山校区时在校园内保留了一片农田，农田的存在赋予了校区田园风光，同时在校园建筑中大量使用了因城市化而拆除的传统建筑旧砖瓦，从视觉效果上给人一种历史感，建筑造型上也试图用一种饱含传统记忆而又简洁优美的造型来达成其建筑与场地的关系。

无论是传统的建筑形式（包括民居）、乡土植被、田园景观还是乡土性地方材料（如砖瓦、高粱秸秆等）、民俗文化，在乡村景观营造中都可以成为乡土景观及城市景观营造的基础，都能够为景观设计与营造提供丰富的艺术源泉，从而丰富景观的形式与内涵。因此，景观设计过程中设计者需要经常到乡村进行考察，对乡土文化及其元素进行广泛的收集与深入的研究，在景观设计中积极引入乡土文化元素，在整体设计中努力从乡土文化中获取灵感，进行设计理念的创新。广阔的乡村是一片无垠的大海，只有经常畅游其中才能寻找到景观设计的艺术灵感。因为它们的背后是悠久的历史、丰富的民俗文化及多姿多彩的文化元素。

（三）乡土景观是乡村文脉延续的方式与载体

文脉是一个在特定空间发展起来的历史范畴，最早源于语言学范畴，它包含着极其广泛的内容。脉络本意是指中医对动脉和静脉的统称或维管植物的维管系统，其引申义用来比喻事物发展的条理或头绪。也借喻文章的布局和条理、学术的流派或思维的线索。如《宋史·道学传二·杨时》："凡绍兴初崇尚元祐学术，而朱熹、张栻之学得程氏之正，其源委脉络皆出于时。"南宋陆游《书叹》诗："论文有脉络，千古著不诬。"元代刘壎《隐居通议·文章三》："凡文章必有枢纽，有脉络，开阖起伏，抑扬布置，自有一定之法。"清代恽敬《明儒学案条辩序》："少日所闻于先府君及同学诸君子者，质之先生之说，颇有异同，如水之分合，脉络可沿；如山之高卑，颠趾可陟，非敢强为是非，划分畛域也。"从狭义上解释文脉就是一种文化的脉络，即文化（包括国家文化、民族文化及乡村文化等）发展的脉络。对文脉问题的认识可追溯到前工业时代，甚至古希腊时期。文脉思想真正被正式提出是在 20 世纪 60 年代以后。美国人类学艾尔弗内德·克罗伯和克莱德·克拉柯亨指出："文化是包括各种外显或内隐的行为模式，它借符号之使用而被学到或传授，并构成人类群体的出色成就；文化的基本核心，包括由历史衍生及选择而成的传统观念，尤其是价值观念；文化体系虽可被认为是人类活动的产物，但也可被视为限制人类做进一步活动的因素。"① 克拉柯亨把"文脉"界定为"历史上所创造的生存的式样系统"②。乡土文化也有自己的发展脉络，从诞生到发展再到发展创新，乡土文化具有在延续自身文化基因基础上的历史发展轨迹或条理。如果文化的发展脉络无论何种原因中断，从严格意义而言，文化的发展都不是原有文化的发展，是变异或蜕变或消亡了的文化，已经不是本来的原汁原味的文化了。

　　乡土景观是延续乡土文化发展的重要途径与载体。景观中运用的乡土文化元素（如图腾、民间艺术等）是对一个地区的生活场景、风土人情、地方材料、植被等提炼而出的精华部分。它们从某种意义上是当地乡土文

① 汤培源. 城市创意空间［M］. 南京：东南大学出版社，2014：37.
② 汤培源. 城市创意空间［M］. 南京：东南大学出版社，2014：38.

化的代表。如果在乡村景观营造中充分应用各种乡土文化元素，能够使乡村历史文化得以延续与发展，引发人们对乡村生活的美好回忆。乡土景观中应用乡土文化元素有助于人们了解当地地域蕴含的深层次文化内涵，产生对乡土文化进行保护与传承的意念与欲望。乡土景观也不是一成不变的，随着社会的发展与时间的自然消磨，旧的景观会消失，新的景观会营造出来，只要景观中包含丰富的乡土文化元素，那么乡土文化的文脉就会在景观中自然留存。

（四）乡土文化景观与乡村社会发展的关系

乡土文化景观对于乡村社会发展至关重要。乡村中的景观不但能够增强文化认同，促进乡土文化的传播与发展，增进社会稳定，唤起当地人对本源文化、地域文化、群体文化的归属感、认同感与自豪感，而且在新的历史时期能够避免经济一体化所带来的文化危机。乡村景观建设不仅体现景观对乡村传统文化的继承与发展，而且能够协调现代社会快节奏的社会发展与慢节奏的乡土生活，化解其中的矛盾，从而促进社会和谐发展与繁荣稳定。在景观带给人们良好的观赏、体验的同时，获得深层次的教育意义，提升居民生产、生活环境质量与幸福感是社会发展的必然要求。因受到生产力水平较低、经济欠发达、教育资源匮乏、交通运输薄弱等问题的制约，乡村作为承载区域百姓生产生活的物质空间环境，未能得到当地城镇同步的发展，难以满足当地百姓的生产、生活需求，因而发展乡村经济成为一道绕不开的坎。在众多发展方向中，大力发展旅游产业是乡村经济发展的重要途径，而这需要依靠区域文化资源和旅游资源。在乡土景观设计与营造中深入挖掘乡土文化资源，不但有利于增强乡村自身的特色与生态建设，而且能够有效促进乡村的特色产业、小镇旅游、观光体验的发展，能够实现当地人口的就地城镇化，解决大量劳动人口的就业问题并进一步提升当地乡村居民的经济收入水平。

如果乡村经济得到大发展，农民的生活水平得到显著提高，雄厚的乡村财力可以反过来支持乡土景观的营造与发展。由于经济落后、外来文化的巨大冲击，乡土社会固有的布局与结构被打乱，乡土景观、村容村貌、地形地貌、传统民居、风俗习惯甚至农耕田地等遭到不同程度破坏，同时传统价值观念、家园认同感、文化认同感、家庭家族观念、乡土记忆等逐步缺失，乡村成为被遗忘的角落。恰如当代著名女作家梁鸿的《中国在梁庄》所描述的农村景象。该书记述了河南穰县（邓州市，古称穰城）梁庄近30年来的变迁，以近似纪实手法呈现了梁庄在城市化进程中出现的问题：农村留守儿童的无望，农民养老、教育、医疗的缺失，农村自然环境的破坏，农村家庭的裂变等。① 在此背景下乡土景观的留存、延续与创新发展成为不可能实现的奢望。当乡村经济发展起来，乡村居民能够有财力对家园进行规划设计，去除妨碍生态健康及美感的不合理因素，聘请专业人士进行整体规划、营造数量更多、质量更高、更富美感的乡土景观，实现乡村经济社会发展与景观之间的良性循环发展。

二、乡土文化、乡土人文景观与美丽乡村建设之间的关联性

2005年10月召开的党的十六届五中全会提出了建设社会主义新农村的重大历史任务。2007年党的十七大在十六届五中全会精神基础上又提出了统筹城乡发展，推进社会主义新农村建设的目标任务。全国许多省市纷纷制定美丽乡村建设行动计划并积极行动，取得了一定的成效。条件得天独厚的浙江省安吉县2008年率先提出"中国美丽乡村"计划，出台《建设"中国美丽乡村"行动纲要》，规划将安吉县打造成为中国最美丽的乡村。著者认为美丽乡村建设的最主要目的就是通过改善乡村环境而改善村民的生活条件和生态环境，因此，美丽乡村建设只是乡村建设的一个重要手段与途径。由于历史及客观原因，农村的生活水平和条件与城市相比存

---

① 訾西乐.乡土中国的村庄与农民——评《中国在梁庄》与《出梁庄记》［J］.北方文学，2017（2）：66.

98

在巨大差距。如果通过美丽乡村建设能够在保障村民获得现代物质文明的同时，还能够保护乡村中历史底蕴深厚的乡土文化、乡土景观等不被遗失，那么美丽乡村建设就是一项功在当代，利在千秋的伟大工程。美丽乡村建设是一项系统工程，它不但有利于乡土文化及其景观的保护与传承，而且对于农村社会发展、自然与人文生态建设与保护、经济发展、乡土文化传播、精神文明与政治文明建设等都具有十分重要的价值与意义。

（一）美丽乡村建设有利于乡土人文景观的保护、传承

"生产发展、生活宽裕、村容整洁、乡风文明、管理民主"是新农村建设与美丽乡村建设的宗旨与目标。乡土文化与乡土人文景观是最具有乡土味道、体现乡村特色的精华部分，是美丽乡村建设的重要组成部分。在创建美丽乡村过程中保护与传承现有的乡土文化与人文景观是最基本的要求。建设的美丽乡村无论多么现代、多么奢华、多么美丽，归根结底，它仍然是乡村而不是城镇。如果在创建过程中破坏、拆毁或忽视原有乡土文化及其人文景观元素，或者引入非本地的元素，那么最后建成的乡村就不是符合村民期待、不符合国家期待，背离了建设本土本地、原汁原味特色新农村或美丽乡村的宗旨。美丽乡村并不单单是外表形象的美丽，著者认为乡村内在的美丽更为重要。民风是否淳朴、民俗是否健康多样、标志性乡村人文景观是否富有文化底蕴、村民的精神风貌是否积极向上、活泼乐观等，都是美丽乡村建设中重点关注的对象。另外，在推动乡村社会不断进步和发展的同时，生态环境保护值得特别关注。美丽乡村不仅体现在经济发展水平高，体现在对乡土文化的保护和传承上，同时也体现在可持续性发展上面。

（二）美丽乡村建设为乡土文化景观的保护与营造提供了发展契机与平台

"让居民望得见山、看得见水、记得住乡愁"① 是美丽乡村建设的一个

---

① 谢云. 美丽乡村建设——乡土文化 [M]. 广州：广东科技出版社，2016：84.

口号，在各级政府的大力推动下，建设美丽乡村成为许多地方进行经济建设、生态文明建设的重要突破口与抓手。如何建立美丽乡村，各个地方根据自身的条件提出了不同的目标、不同的措施与不同的途径。许多地方政府开创了在保护和传承乡土文化景观基础上建设美丽乡村的行动路径。例如，有些地方政府通过对部分地区的申遗活动，以建立文化生态保护区的方式规划美丽乡村建设，在保护乡村文化及景观的同时大力发展文化产业，带动地方经济的发展。例如，河北省涿州市望海庄村少林会申遗便是一个例子。少林会是望海庄村男女老少都喜欢的一个活动。村民以练习少林武术作为农闲时节的生活乐趣，逢年过节也到邻村演出。2017 年，延续了 100 多年的传统活动少林会班底重新组织起来。村里组织少林会去外村演出，使刚刚恢复的少林会走上了更广阔的舞台，在周边村镇有了一定影响力。2018 年在商界资助下，少林会置备全新的演出服装和道具，开始筹备少林会申请涿州市非物质文化遗产的工作。2019 年少林会成功获批为涿州市非物质文化遗产，为庆祝少林会申遗成功，望海庄村组织了大型文化演出并举办了第一届望海庄武术节。通过申遗活动，乡村优秀的文化资源得以挖掘、保护与传承，发挥了乡土文化对乡村振兴的助力作用，为建设美丽的家乡提供了强大精神动力。

在美丽乡村建设过程中，许多本来可能被拆除的古村落和古建筑被完整地保存了下来，其浓厚的历史底蕴也得以传承并焕发出新的活力。例如，潇湘晨报网转载山西新闻网的一篇报道就反映了美丽乡村建设让古村落焕发新生的实例。山西省岢岚县宋长城景区周边乡村通过综合整治项目，院子外墙上抹着黄色的稻草泥，村民们的住宅修葺一新，青砖、灰瓦、木制的屋顶门头，处处流露出古朴的乡村风情。该项目是岢岚县政府与山西六建集团合作实施的脱贫攻坚重点项目，建设项目包括改善人居环境、道路建设、管线铺设、山体绿化、河道治理等，总投资 2.4 亿元。依托宋长城景区资源，致力于打造晋西北高寒地域创意农谷和旅游、休闲等于一体的生态型美丽乡村。通过申遗活动,古村落、古建筑的文化形态和自然生态在美丽乡村建设中得到了保护,乡土文化及其景观的文化底蕴得以继承和传扬。

(三)美丽乡村建设为乡土文化及其景观提供强大物质基础

经济基础与物质基础在社会发展中占有十分重要的作用,可以说没有它们的支持许多问题无法解决,社会难以向前发展。修复古村落与古建筑、营造新的乡村景观、村容村貌美化、乡村交通等基础设施规划都需要庞大的物质做基础,是实现美丽乡村建设的基本条件。乡村经济基础与资金来源基本有两个途径。一方面,政府投资与输血。建设美丽乡村是各地政府大力提倡的新农村建设方向,各地都出台了相应配套措施与政策,乡村可以从上级政府或其他机构获得相应资金支持与政策支持。另一方面,农村经济的发展也是保障美丽乡村建设物质基础的重要手段,并且在多数情况下是主要途径。客观而言,只有农村经济得到了长足发展,农民经济收入有了实实在在的提高,乡村自身有了雄厚而持续的经济实力,才能够从根本上解决美丽乡村建设的资金问题。当然,乡村经济发展由于受到地理环境、交通、资金、人才等因素的制约,要谋求大的发展并不容易,需要乡村基础组织、村民及上级政府部门的通力合作才能实现。

(四)美丽乡村建设为乡土文化及其景观提供良好的生态空间

建立一个宜居宜业、生活舒适、经济发达、文化繁荣、交通便捷、山清水秀的生态环境与和谐生态家园,是美丽乡村建设、新农村建设、美丽中国建设等的共同发展目标。通过生态文明建设,在乡村建立起人与自然和谐相处的环境,实现农村社会可持续健康发展,可以为乡土文化及其景观建设提供良好的生态空间。在良好宽松、可持续发展、健康和谐的生态环境下,在生态、文化、经济各方面均衡发展模式推动下,乡村文化得以延续,古村落和古建筑得以修复,符合时代要求的新景观得以营造。在经济与生态的双重保障下,乡村可以保留修缮具有浓厚乡土文化底蕴的人文景观，可以运用现代技术、现代材料、现代审美理念自由地规划与营造符合乡村生态环境的新景观，使乡村更加美丽、更富有人文气息与文化底蕴。

（五）美丽乡村建设为乡土文化及其景观提供和谐的人文环境

人文环境是包括社会或某一区域内成员共同体的态度、观念、信仰系统、认知环境等在内的社会本体中隐藏的无形环境。友好的人文环境可以为乡土文化及其景观提供良好的软环境。精神文明建设是美丽乡村建设过程中不可缺失的重要组成部分，也是美丽乡村建设的核心目标之一。一个乡村无论外表形象多么靓丽，如果村民道德素质不高、精神风貌欠佳，也难以成为一个真正的美丽乡村。农村的人文环境代表着整个地域内农民的精神风貌、生活状态以及幸福指数。丰富的精神文化生活、良好的人文环境不仅仅能够提高农民的生活幸福指数，通过文化消费推动农村文化的发展。在美丽乡村建设过程中，为营造良好的乡村人文环境，必须进行必要的整治清理工作。剔除一些陈旧落后的观念，如重男轻女观念、极端血亲宗族观念、封建迷信观念以及愚昧、赌博恶习等，普及法制知识，提高农民法治意识，积极吸收现代化、高水准的科学文化知识，使整个乡村形成积极进取、崇尚学习知识、团结向上的良好气氛与生活环境，为乡土文化及其景观的发展提供良好环境。

（六）乡土文化是美丽乡村建设的基础

美国著名社会学家塔尔科特·帕森斯（Talcott Parsons）从20世纪40年代开始致力于建立其结构—功能分析理论。在《社会系统》一书中帕森斯认为社会行动是一个庞大的系统，由行为有机体系统、人格系统、社会系统和文化系统等组成四个子系统。这四种系统本身都具有自己的维持和生存边界，但又相互依存、相互作用，共同形成控制论意义上的层次控制系统。由规范、价值观、信仰及其他一些与行动相联系的观念构成文化系统，该系统是一个具有符号性质的意义模式系统。在研究行动体系时帕森斯认为文化在长期的历史发展过程中能够凝聚为一种相对的稳定结构，并且该结构不但能够传承过去的经典而且能够吸收外来文化的精华，在传承与吸收的交叉过程中形成一种全新的适应于时代发展的文化积淀。当一个文化和另一个文化发生碰撞的时候，例如，中国文化与西方文化交流与碰撞时，帕森斯认为文化所具有的维模（Latency）功能就会发生作用，在保持文化自身基本属性的情况下展现出独有的接收和成长功能，该功能是文化的一种选择，也是一个正常的文化传播的过程。① 乡土文化不仅记录着地方乡风的发展轨迹，是地域历史的传承，也展示出区别于其他地方的风土特色，形成这个地方独属的"社会密码"。美丽乡村建设需要从乡土文化的特性与发展历程中寻找灵感，因为它是传统农耕社会发展和沉淀的一种独具地域特色的原生态文化，美丽乡村建设只有与乡土文化结合起来才能够实现既定目标。离开乡土文化这一基石，美丽乡村建设无异于缘木求鱼，即使耗费巨大人力、物力、财力进行建设，也如沙滩之上的高楼大厦一样经不起风雨与时间的考验。

乡土文化是整个区域内村落集体认可的一种精神，在农村文化中处于核心地位，它具有黏合作用，能够将乡村中不同阶层的群体团结起来。一旦团结起来，人们将拥有共同的思想道德观、价值观以及信仰，群体不再强调差异化，最终形成一个和谐的人文环境。然而美丽乡村建设是一个复杂、困难的过程，需要大量人力、物力、财力的支持，只有良好的乡土人文环境还不够，必须将乡村人文资源与自然资源、经济资源、社会资源等结合起来才能形成一个整体良好的环境来推动美丽乡村的建设和发展。

---

① 〔美〕杰弗里·C. 亚历山大. 社会学的理论逻辑（第四卷）：古典思想的现代重建——塔尔科特·帕森斯［M］. 赵立玮，译. 北京：商务印书馆，2016：2-10.

第五章

我国农村乡土元素在城镇化进程中的保护与利用现状研究

第一节　乡村建设现状及其存在的问题

农业农村农民问题在中国自古以来都是关系国计民生的根本性问题，2017年党的十九大报告提出乡村振兴战略，并把解决好"三农"问题作为未来工作的重中之重。为了彻底解决农村产业和农民就业问题，确保当地群众长期稳定增收、安居乐业，2018年2月《中共中央国务院关于实施乡村振兴战略的意见》发布。该文件提出乡村振兴要坚持农业农村优先发展、农民主体地位、乡村全面振兴、城乡融合发展、人与自然和谐共生、因地制宜循序渐进的基本原则。实现乡村振兴是由我国国情所决定的必然要求。中国政府在新的历史时期，在农村经济、文化及社会各个方面取得较大成绩的背景下提出乡村振兴计划有着现实考量，大的整体环境是乡村在各个方面正变得相对没落。

对实施乡村振兴战略的背景，著者认为最重要的原因有两个，一是中国的基本国情，二是中国经济社会发展现阶段的基本特征。农村人口逐步减少，随着城镇化的推进，有些村庄因各种原因而逐步消失，虽然这是一个渐进的历史过程，但在现实中村庄消失的速度非常快。同时由于城乡之间在社会、文化、经济、生态等方面具有不同的功能，城乡之间只有形成功能互补，才能使整个国家的现代化进程健康推进。由于历史、地理环境、人才等方面的原因，发展得不平衡不充分，突出反映在农业和乡村发展的滞后上。无论是经济、教育还是社会治理，农村农业已经越来越成为中国社会发展的短板，因此，加快推进农业农村现代化成为一种必然选择。关于农村"老龄化""空心化"等问题，国家电网公司对其经营区域内居民房屋空置率（年用电量低于 20 千瓦时）的统计，乡村居民住房空置率为 14%，城镇居民房屋空置率为 12.2%。从这一报道中可以看出农村住房与人口的基本情况，房屋空置率比城市高，说明农村人口大量外流，乡村空心化现象严重。在农村从事生产经营活动的人中，55 岁以上年龄较长者占比超过 55%，说明农村的年轻人大多离开农村到城镇从事工作。

从经济层面而言，改革开放后中国农村发生了翻天覆地的变化，无论是经济还是文化、生活质量、乡村治理与发展都取得了巨大成就，在政府大力推动下，现在已全面建成小康社会。然而就全国而言，社会发展还存在不平衡现象，四川省、青海省、山西省等省区的农村发展问题依然任重道远，乡村发展仍然面临着乡村人口基数大、财政兜底压力大、生态制约、社会综合治理难度大等许多现实问题。因此，中国政府提出乡村振兴战略十分必要与紧迫。

中国是一个快速发展的发展中国家，一些地区特别是沿海经济发达省份的乡村经过几十年的发展已经积累了雄厚的物质基础，它们在富裕之后追求高质量生活水平的愿望十分强烈，在此背景下建设美丽乡村成为势不可当的时代潮流。浙江省安吉县位于长三角腹地，与浙江省湖州市的长兴县、吴兴区、德清县，杭州市余杭区，临安市和安徽省的宁国县、广德县为邻，面积 1885 平方公里。安吉县气候宜人，属亚热带海洋性季风气候，光照充足、气候温和、雨量充沛、四季分明，适宜农作物的生长。安吉县农业资源丰富，拥有竹笋、白茶、高山蔬菜等一大批名、优、新、特农产品，农业产业化经营呈现良好的发展态势。天目山脉自西南入境，分东西两支环抱县境两侧，呈三面环山，中间凹陷，东北开口的"畚箕形"的辐聚状盆地地形。山地分布在县境南部、东部和西部，丘陵分布在中部，盛产竹子，为全国著名的"中国竹乡"。县内主要水系为西苕溪。它的上游西溪、南溪于塘浦长潭村汇合后，形成西苕溪干流，然后由西南向东北斜贯县境，于小溪口出县。2016 年全年生产总值 324.87 亿元，按户籍人口计算，全县人均生产总值 69848 元，按平均汇率计算达到 10516 美元。

富裕的安吉县在经济快速发展的背后是环境污染的沉重代价。在 2003 年前安吉县农村污水、垃圾、露天粪坑等比比皆是，工业烟囱黑烟滚滚，径直排向天空，非法养殖场、采石场随处可见，一堆堆的垃圾发出阵阵恶臭。面对如此恶劣的污染环境，安吉县 2003 年启动"千村示范、万村整治"工程，开启了以改善农村生态环境、提高农民生活质量为核心的村庄整治建设行动。取得一定成绩后，又于 2008 年开始了美丽乡村创建。十余年来，他们致力于把绿水青山转化为金山银山，借力美丽乡村建设、生态文明创建及世行贷款项目，引导村民合理规划生活、生产及发展空间，有序推进厂区改造、道路三化、河道整治、污水处理、垃圾分类、农整复垦六大行动。通过开创民办旅游，发展蔬果采摘、河道漂流、户外拓展等休闲旅游产业链。全县 44 个村成为"精品示范村"。相较于"家家别墅、户户轿车"的"硬件美"，繁华不喧闹、富裕有爱心是安吉县农村更大的魅力所在。

美丽乡村建设自浙江安吉县发轫之后历经十几年的发展已经取得了不俗的成就。从整体而言，美丽乡村建设可以归纳为初始、发展、深化三个阶段。第一阶段是初始阶段，时间跨度自 2007—2011 年。初始阶段在建设社会主义新农村的背景下展开美丽乡村建设，以浙江安吉县为代表的自然资源丰富、乡村经济发达区域的地方政府制定出一系列美丽乡村建设行动规划、政策性文件为标志性事件。在初始阶段，开展美丽乡村建设的地区相对较少，建设路径也处于探索阶段，成功案例较少，社会影响较小。地域主要分布于以浙江为中心的东部较为发达的地区。第二阶段是发展阶段，时间跨度自 2012—2013 年。2012 年，党的十八大首次提出建设"美丽中国"与"五位一体"推进建设总要求，推动城乡发展一体化，形成以工促农、以城带乡、工农互惠、城乡一体的新型工农、城乡关系。在国家政府的推动下，美丽乡村建设在全国许多地区拓展开来，政府层级的提升、视域的转变、生态内涵及地域的扩展等推动了美丽乡村的建设。建设的视角也由前一阶段注重人与社会的关系转移到注重人与自然的关系。2013 年党中央一号文件强调推进农村生态文明建设，大力加强农村生态建设，进行环境保护和综合治理，努力建设美丽乡村。浙江省、重庆市、海南省、贵州省、安徽省、福建省、广西壮族自治区等七个省区市成为首批重点推进省份。自此美丽乡村建设的趋势蓬勃发展。

第三阶段是深化阶段，时间跨度是从 2014 年至今。《国家新型城镇化规划（2014—2020 年）》2014 年 3 月出台。全国首个美丽乡村的省级地方标准《美丽乡村建设规范》2014 年 4 月由浙江省发布。省级地方标准《美丽乡村建设指南》2014 年 10 月由福建省发布。《美丽乡村建设指南》国家标准 2015 年发布，《海南省美丽乡村建设标准》2016 年 10 月由海南省发布。经过各地政府的全力推广，各个省区市都涌现出了一批美丽乡村与市镇。在美丽乡村建设过程中，由于历史、地理的优越条件及政府与当地百姓的正确规划、积极投入与参与，浙江安吉县、天津大寺镇王村、江西婺源、浙江西塘、苏州周庄、安徽西递、兰溪诸葛村、湘西凤凰、福建培田古村、浙江乌镇、江苏光福古镇、河南朱仙镇、苏州木渎古镇、云南和顺古镇、山西皇城村、云南元阳、太仓沙溪、重庆涞滩古镇、安徽宏村、苏州同里、浙江前童古镇等成为美丽乡村建设的佼佼者。

在美丽乡村建设及学术界对其的研究过程中，对于美丽乡村有不同的理解与认识。美丽乡村从自然与社会融合的角度而言，美丽乡村之所以美丽不仅是指乡村有美丽的自然风光与村容村貌，还指风土人情的和顺、文化底蕴的深厚，以及乡村经济的高质量发展与基础设施的完善。美丽乡村要从生活、生态、人文、经济及发展潜力等几个方面来完善，和谐、优美风光、民俗丰富多彩、布局合理、自然、产业发展、特色鲜明、设施完善等都是美丽乡村不可或缺的元素。美丽乡村从生态、生活和生产层面，可以用环境美、生活美、产业美以及人文美进行概括，四者之间相互依存、相互影响。美丽乡村的内涵极其丰富，居住环境、人文精神、整体风貌、生态资源、公共设施以及生活和谐美满的村民都是美丽乡村不可或缺的元素，经济、生态及人文三个方面不可偏废，只有三者有机结合起来美丽乡村才是完美的。

一、美丽乡村建设与经验启示

美丽乡村总体而言是一个较为宽泛的名词，各地政府、各个乡村及学术界对美丽乡村内涵的把握以及建设策略、侧重点与切入点都各不相同，可谓仁者见仁，智者见智，因而美丽乡村建设并没有形成统一的模式、统一的路径，建设模式可谓多种多样。各地依托特有地域资源创造出不同的美丽乡村建设路径与经验启示，概括而言可以总结为以下八种。

（一）生态保护模式

优美和谐的生态环境是乡村的天然独特资源，保护好自身生态环境是美丽乡村建设最基本的要求。对于如浙江省安吉县等地区山清水秀、工业污染较少、远离城市的乡村，在建设美丽乡村过程中生态保护型模式是首选的模式，也是最简单、最有效的模式。以此模式建立的美丽乡村可以利用自身优越的自然环境资源，建设度假村、养老机构，也可以通过规划与建设景观形成旅游优势，吸引游客，带动当地居民的就业，提高生活水平。

（二）产业发展模式

在经济较为发达的沿海地区、城市经济辐射圈内或者产业特色较为明确的地区，可以采用产业发展模式进行美丽乡村建设。由于所处地域经济发达、产业化水平较高、具有一定的工业规模和产业链，乡村可以利用这些优势大力发展乡村经济，以发达的经济与雄厚的财力为基础建设以"一村一业"为特色的美丽乡村。在小商品经济发达的浙江省，这样的乡村非常普遍。有专门生产袜子的村庄、专门生产纽扣的村庄、专门生产皮具的村庄、专门制造皮鞋的村庄等。

（三）城郊集约模式

在北京、上海、广州、深圳以及其他许多大城市周边许多乡村由于具有交通便利、基础设施相对完善、人才资源丰富、信息发达等优势，乡村发展资源极为丰富，因而这些乡村可以走与城市融合发展的模式建设美丽乡村。利用自己的土地资源可以建设高质量的住房、高品质的景观以及高效益的产业。城郊集约模式并不是盲目城市化，城市与乡村必须错位发展，各自发挥各自优势。

（四）水产畜牧业开发模式

在我国沿海地区有许多以打鱼、深海养殖为主的乡村，在内蒙古自治区、新疆维吾尔自治区、西藏自治区、青海省等地区有许多以放牧为主的乡村，在这些乡村水产产业和畜牧业是主导产业，也是乡民赖以生存的基础。这些地区由于比较偏僻，生态环境具有原生态性质，乡村可以通过旅游宣传，吸引外地人旅游，购买当地土特产，在保留自身特色基础上发展乡村经济，提高村民生活水平。

（五）休闲旅游模式

休闲旅游顾名思义是指以旅游资源为依托与形式，以旅游景点及设施为条件，以休息与修身养性为主要目的，以特定的文化景观和服务项目为内容的游览、观光、娱乐和休息活动。观光旅游一般追求短时期内"多走多看"的价值心态，例如，一天游览几个景点，追求时间、金钱的最大使用效益。休闲度假者消费的目的性非常明确，让身心放松是度假旅游的基本要求，他们往往离开定居地而到异地停留较长时间。这种放松完全有别于正常的工作节奏，是一种身心的调整。因此，在紧张工作后到心仪的度假地度假，或徜徉于海滨、或蹀躞于森林草原、或置身于和煦的阳光下、或游泳、或阅读、或泡温泉，目的是使身心完全放松。乡村休闲旅游模式需要具备较高的条件，主要适合旅游资源丰富、基础设施完善的地区。休闲旅游必须与餐饮、住宿、娱乐、文化体验等一系列旅游产业相结合，如果只有景点而没有物美价廉的住所与餐饮，游客难以较长时间停留，只能走马观花。只有各项条件都具备了才能够吸引各类人群前往旅游地休闲度假。例如，广西贺州昭平有中国有机茶之乡的美誉，他们发展的"高山茶园＋体验旅游精品特色旅游"比较成功。游南山茶海、赏万亩茶园、品中国大陆第一早春茶。游览高山茶园风光、参观茶叶加工、体验茶文化，在生态观光和休闲农业体验中，开启与茶、与大自然亲密接触的放松之旅。再如云南省临沧茶文化寻根之旅，其特色是"古茶树＋佤族文化"。临沧地处祖国的正西南，是通往缅甸和东南亚的重要门户，是世界茶树和茶文化的重要起源中心，是滇红茶、云南蒸青绿茶诞生地和普洱茶原产地。临沧有多个名山古茶园，也有大量稀缺的古茶树资源，更有国内超过3200多年的茶树王——"锦绣茶祖"。临沧多民族聚居，民族文化丰富多彩。在这里旅游，游客仿佛走进了"古茶树王国"的迷人国度，在"世界佤乡"原生态民族文化园，人们可以悠闲自在地在园中长时间休养。

（六）文化传承模式

　　走文化传承模式发展的乡村主要适用于有独特地域文化和民风民俗的乡村，文化资源丰富是其重要优势。由于中国有五千年悠久灿烂的文明，农耕文化丰富多彩，在历史长河中遗留下许多古村落古镇，它们都拥有丰富的文化资源，可以加以利用建设美丽乡村。如山东的井塘古村。它是山东省内保存比较好的古村落，既有明代建筑风格又有西部山区居住特色的古建筑群。村里以明朝七十二古屋为中心，张家、吴家、孙家大院为看点，保存完好的古石桥、古井、古庙、古石台和明代古树等。广东省的黄埔村，是海洋文化的典型代表，村子至今已有1000多年的历史。早在南宋时期，黄埔古港就已经是"海舶所集之地"。村子呈平面网格布局，一个巷子为中轴，民宅在巷子两侧，一个院落套一个院落，即所谓广府乡村"梳式布局"。著名黄埔军校的旧址就在村里不远处。安徽省的宏村，是世界文化遗产，也是国家5A级旅游景区，其"布局之工，结构之巧，装饰之美，营造之精，文化内涵之深"，为国内古民居建筑群所罕见，是徽派民居中的一颗明珠。从村外自然环境到村内的水系、街道、建筑，甚至室内布置都完整地保存着古村落的原始状态。每天都吸引大批来自国内外的旅游爱好者参观游玩。

文化传承模式类型的乡村由于历史与客观原因符合条件的较少，即使有丰富的文化历史资源，其建设也一定要把握好传统与现代、人工与自然的平衡统一，不能偏废，也不能一味追求短期利益而破坏物质文化遗产与非物质文化遗产，同时要依托外在的物质基础，注重乡村精神层面建设，展现其内在的文化内涵与乡村悠久的文脉和突出特色。

（七）环境整治模式

自改革开放以来，虽然经济得到了突飞猛进的发展，然而由于许多地方采取的是粗放型发展模式，只注重眼前的物质利益而不顾生态环境的承受能力，其后果是一些乡村虽然经济发展上去了，农民也富裕了，但环境污染到了无法忍受的程度。例如，有的村庄被化工企业包围，地下水污染严重，村民不得不到外地买水喝。环境整治模式主要适用于环境污染较为严重、基础设施较为滞后的乡村，是环境形势所迫、乡村居民自发提出整治要求的情况下采取的建设模式，是一种消极的、被动的模式。

（八）高效农业模式

运用现代科学技术，以市场为导向，充分合理利用资源环境，实现各种生产要素的最优组合，最终实现经济、社会、生态综合效益最佳的农业生产经营方式被称为高效农业（high efficiency agriculture）模式。该模式的基本条件是农田资源十分丰富，农业机械化水平高且农产品商品化率高，足以带动乡村经济发展。高效农业不仅能带来可观的经济效益，也带来大量慕名而来的外地游客，取得"农业强、农村美、农民富"的巨大成果。

二、美丽乡村建设中存在的问题

自浙江省安吉县首先开始美丽乡村建设以来，美丽乡村建设在国内取得了许多成绩，涌现出了许多美丽乡村典型，同时也带动了广大农村的发展。然而，毕竟中国美丽乡村的建设没有现成的范例、没有统一的标准，同时由于各地客观条件与人们的认知水平不同，在美丽乡村建设丰富多彩的背后也暴露出许多问题，当然任何事物的发展都不可能一帆风顺，不出现问题是不正常的，出现问题是再正常不过的事情。如果通过观察调研、分析、总结出问题产生的原因，在此基础上提出应对策略将对未来的美丽乡村建设十分有益。下面是著者分析、概括总结的美丽乡村建设中存在的问题。

（一）缺乏全面而完善的总体规划

总体规划是建设单位在编制初步设计和扩大初步设计之前所进行的一个轮廓性的全面规划，亦称"总体设计"。乡村的总体规划是指在一定区域（一般指乡村范围）内，根据乡村自身、所在地区及国家层面经济、文化、社会可持续发展的总体要求，结合乡村自然、经济、社会条件，对乡村土地、村庄、产业的开发、利用、治理与保护在空间上、时间上所做的总体安排和布局。乡村总体规划非常重要，如果规划符合当地实际情况与未来发展方向，可以节省大量时间、财力与精力，否则必然导致资源的浪费。

在美丽乡村实践中，发现有许多村庄没有在认真调查研究与深入思考基础之上进行总体规划与设计。有些村庄没有自主建设美丽乡村的意识，自身没有编制美丽乡村的建设规划，只是在上级或周边乡村号召或压力下行事，脱离自身实际，盲目建设。由于知识背景等方面的原因，许多村干部甚至县镇干部缺乏关于美丽乡村建设的知识，乡村资源优势、地方特色、民俗风情、人文内涵等在乡村建设中得不到充分挖掘。有的村庄在发展乡村旅游景点方面投资力度较大，有许多值得称道的地方，但住宿、餐饮、交通方面有短板，不能有机整合衔接，影响了乡村整体的观感。有的村庄没有与周边地区建立良好的资源交流平台，没有与其他地市实现良性互动，缺乏热点精品线路与主题活动，无法共享客源市场，地区产业链辐射效应不明显，阻碍了旅游产业的发展。美丽乡村建设的发展格局亟待形成。有的村庄内部资源整合力度不够，没有充分利用美丽的自然景观和村容村貌，没有充分挖掘历史与文化内涵打造集"吃住行游购娱"于一体的特色乡村。

（二）缺乏完善的配套设施

配套设施是指在一事物中与之相配备的机构、组织、建筑等，主要是指城乡道路、市场、供水、排水、邮政、卫生、环保、供电、供热、燃气、通信、电视系统、绿化等设施，是一个地区功能的主要体现。许多乡村在建设开发中由于自身财力有限，所在地方政府投入用于基础设施配套建设的资金较少，导致乡村基础配套设施不完善，阻碍了乡村的发展。如果一个乡村的地理位置相对偏远，要建设较为完善的配套设施就必须在交通道路、供水供热、通信等方面进行大量投资。然而由于一个村庄的财力相当有限，只靠自身难以完成。而如果所在地区的财力也不宽裕，乡村配套设施的完善就变得遥遥无期。现实中改善乡村配套设施困难重重，需要多方面的通力合作才能实现。现在许多村民搞农家乐旅游，然而大多数农家乐饭店没有先进的管理和运营机制，没有加入互联网饭店的提前预订系统。硬件设施质量比较差，公共卫生条件差，公共停车场硬件设施简陋，部分乡间道路狭窄、凹凸不平。

（三）群众积极性不高、参与度较小

在一些地方虽然政府充分发挥主导作用，投入了大量财力、物力和人力，然而农民参与乡村建设的主体意识和归属感不强，单靠政府唱"独角戏"无法完成既定目标。村民整体素质有待进一步提高，卫生等生活陋习有待革除，"等、靠、要"的依赖思想严重，这些都影响农耕文化、乡风民俗和乡土特色的留存与传播。在乡村环境整治改建中，部分群众为了一己私利，以种种理由拖延或阻挠涉及自家建筑拆除、改造、房前屋后环境整治的工作，影响了工作进度并带来不良影响。部分群众毫无积极性，"事不关己"的态度影响整个工程的进展。另外，由于国家规定基本农田不得随意占用以及城乡建设用地增减挂钩等政策影响，用地指标紧缺已成常态化。土地资源的制约为美丽乡村建设进行精细化管理提出了更高要求。在土地矛盾难以解决的背景下，美丽乡村建设配套设施建设方面出现了许多违法用地现象。

（四）利益矛盾与冲突复杂尖锐

美丽乡村建设涉及许多利益相关者，如村民、村委会、乡镇政府、参与开发企业等。美丽乡村建设的可持续发展目标是否能够实现，从某种角度而言，取决于利益相关者的利益是否能够协调妥当，利益各方是否能够相互协作。由于道路畅通、无乱堆乱放、公厕卫生等需要村民配合，村庄绿化、污水处理、垃圾分类等也需要村民直接参与，村民在乡村建设中无疑是处于利益相关的核心阶层。然而由于种种原因，村民在乡村建设中利益被侵害、利益被不公分配的现象时有发生，激化了村民之间、村民与政府之间、村民与参与企业之间的矛盾，这些矛盾的存在对于美丽乡村建设无论是外在还是内在都有较大的伤害。现实中由于村民意见分散，参与民主表达的习惯尚未形成。或者他们的意见反映渠道受阻，村民在乡村建设中的话语权缺失，影响力较弱，导致他们往往处于消极被动状态。另外，村级自治组织（村委会）村内群众基础较差，往往传达上级任务比较被

动，村级资源无法有效调动也导致乡村建设滞后。

（五）缺乏特色与品牌化，项目同质化较为严重

目前而言美丽乡村建设项目同质化、缺乏特色现象较为普遍。景观与旅游产品类型同质化严重，缺少具备"造血功能"的经营设施。大多数村庄仍然停留在较低端化的观光游览、餐饮休闲等经营项目上，美丽乡村建设产品的转化度低。除公共假日外游客数量稀少，没有形成规模效应。现在乡村农副产品的开发与推广模式、乡村休闲度假项目的建设开发，类型大同小异，相邻村镇没有进行错位设计，导致同质化竞争激烈。主要原因是村镇对美丽乡村如何建设没有进行调查分析、没有进行认真的规划设计，没有自己的主见，只是跟在别人的后面照葫芦画瓢式地盲目模仿。例如，有的村庄地处平原，没有山丘，却看到有的村庄有山有水，自己盲目跟风建设假山假水，真实的效果是浪费物力、财力，未能如愿得到游客的好评，反而阻碍了其他适合自身特点景观的建造。另外，在建设美丽乡村的过程中，多数乡村缺乏品牌意识，缺乏市场影响力大的拳头产品和产业带动性强的精品，难以形成吸附效应。

（六）工作机制亟待优化

美丽乡村建设及景观营造是一项系统工程，单靠一个人或一个部门难以完成。由于牵涉的部门、人员及事项繁多庞杂，所以建立有效的工作机制至关重要。在实践中由于没有对实施主体精准定位、明确界定各相关部门具体工作职责，导致各部门相互推诿，缺乏协调配合，缺乏工作主动性。由于财力不足，制约各项工作。例如，没有资金，人力资源难以保障。在这些因素影响下工作开展相对被动，落实难度相对较大，工作延误了也没有人负责。相反，如果某项工作有利可图，如涉及房地产开发及其他有利可图的项目，许多人与许多单位都争着参与，内部矛盾由此产生并激化，严重影响工作的进展。我们也必须认识到，由于乡村甚至乡镇财力与人力资源的制约，对于一些新建设项目，难以在短时间内建立起完善的

工作机制，也是一种现实的无奈。

（七）宣传不力

宣传的基本功能是劝服，宣传本身具有激励、鼓舞、劝服、引导、批判等多种功能。乡村经济、乡村振兴以及美丽乡村建设在很大程度上依赖于错位发展的产品定位以及多样化、立体化的宣传营销。没有宣传营销，"深藏闺阁等人看，欲露俏容却含羞"，即使乡村建设得非常美丽，景观别致宜人，因为知道的人较少，前来游玩消费的人稀少，形势渐渐变得窘困起来。因此，大力宣传对于乡村的发展十分必要。例如，甘肃省平凉市崇信县锦屏镇平头沟村本来是一个贫穷落后、默默无闻的小村子，荒草萋萋、院墙破败、满目凄凉。主要农产品是栗子、番茄、水稻、哈密瓜、绿苹果、芋头、山药等。前几年赶上了新农村建设的机遇，很多人家在家里修了新房，离开了窑洞，房屋修得整整齐齐，道路硬化，房前屋后也得以绿化、美化，整个村庄美丽如画。"迂回的小路，门前的老树，轻灵的飞鸟，古朴的窑洞，安静的院落，崖畔的松鼠，这些无不唤起儿时的记忆，这些无不使人返璞归真，这些无不维系着悠悠的乡愁。城里的游人，在这里感受了山野的情趣；漂泊的游子，在这里找到了心灵的慰藉；年长的归乡者，在这里回味着渐行渐远的往事。这里是一方干净的土地，这里是远离城市喧嚣的乡村乐园，这里有一派恬静的田园风光。"① 有了一定基础之后，平头沟村抓住机遇以窑洞养殖红牛基地为突破口大力宣传自己（其中一句宣传标语是：要去看窑洞养殖红牛和老村新貌，从沟里往里走，真是鲜花迎着你来，又送着你走）。平头沟村成了崇信红牛养殖、乡村旅游、寻找乡村记忆的一张名片。县市省级领导相继来过，省文联主席还专门为平头沟村写了文章。从此平头沟村的名气越来越大，受到的关注度越来越高，得到外来的帮助也越来越多，如今的平头沟村道路平整、干净，绿树

---

① 崇信帮. 平沟村——一个有名气的村子［N］. 快报，2019－08－03.

成荫，小康屋鳞次栉比，路旁鲜花盛开。村民的居住环境质量得到了大幅度的改善。"沟滩里修了三道小坝，拦住了沟里的流水，自然形成三个小水泊，水光潋滟，天光云影在水里徘徊，绿树行人在水里倒影。游人至此，可以信步漫游，可以静坐遐思，沟里清气回荡，空中阳光穿梭。"① 从门头沟村这个活生生的例子可以看出宣传的效果与力量。

（八）专业人才匮乏

美丽乡村建设是一项系统工程，没有专业人才参与难以取得进展。由于地处乡村，乡村人群以职业技能不高的农民为主，农民由于文化水平普遍较低、没有经过专业技能训练、组织纪律涣散、年龄参差不齐等原因，在建设实践中，他们主要从事建筑、园艺、道路绿化、环卫、商业服务、运输服务等低技能工作。而急需的从事活动策划、乡村管理、人力资源开发和管理、美丽乡村建设营销等初中级层次的管理人才短缺。从业人员流动性大，存在用人难、找人难现象。而能从事规划设计的专业人才更加匮乏。乡村不可能自己培养高级的专业人才，只能靠引进。然而由于交通、生活条件、子女教育、工资待遇、人际关系、职业发展潜力等诸多原因，高水平的专业人才难以引进，即使能引进也难以扎下根来。美丽乡村建设中的专业人才只能以高薪的短期聘用为主。短期聘用人员在管理上、长远规划方面都存在许多问题。

人才匮乏在许多方面都制约了乡村发展。管理和服务者大都是当地村干部或村民，受文化水平及专业化程度的限制，在服务游客时不能给到访者解释本地的文化特色、历史渊源、景观意境。在文化内涵的挖掘上明显不够充分，在介绍地方特产时由于用词不当、缺乏策略、包装不当、卫生条件差等原因使游客兴致大打折扣，本来想购买土特产，最终因为服务问题而放弃。人才的短缺直接影响美丽乡村建设的良性发展，使其难以发挥

———————————

① 崇信帮. 平沟村——一个有名气的村子［N］. 快报，2019 – 08 – 03.

美丽乡村的特殊优势，成为制约美丽乡村建设发展的瓶颈。

三、乡村景观面临的困境

中国自 1949 年至"文化大革命"结束，经济发展缓慢。十一届三中全会于 1978 年 12 月召开，全会中心议题是讨论把全党的工作重点转移到社会主义现代化建设上来。1979 年深圳、珠海、厦门、汕头四个经济特区的建立标志着改革开放步伐的加快。改革开放使中国经济快速增长。进入 21 世纪后，中国经济继续保持稳步高速增长。经济增长方式逐步由粗放型向集约型转变。2019 年全年国内生产总值 990865 亿元，按可比价格计算，比上年增长 6.1%，经济总量稳居世界第二。在经济发展的同时中国的城镇化速度加快，城镇化率提高。1949 年城镇化率为 10.64%，1981 年为 20.16%。2018 年年末中国常住人口城镇化率为 59.58%，户籍人口城镇化率为 43.37%。

中国经济的快速发展及城镇化率的提高对于广大乡村而言，一方面是经济发展与农民生活水平的提高；但另一方面，与城市相比，农村的相对落后是不争的事实。社会发展与城镇化对于农村的影响可谓翻天覆地，对于乡村的每一个方面都有深刻的影响。乡村景观作为乡村的一部分在经济高速发展、乡村城镇化改造过程中必然会受到影响。营造新的乡村景观，正面影响是主要的，但负面影响也不容忽视，甚至成为必须严肃面对的紧迫问题。著者认为目前乡村景观面临以下诸多困境。

（一）乡土自然生态景观系统的破坏

在片面追求经济效益的背景下，乡村植被破坏、河流污染、水土流失等使自然生态遭到破坏。自然生态系统在没有人类之前是一个自我发展的系统。人类的诞生从哲学角度形成了主体与客体两个既相互联系又相互对立的两个世界。人类要生存发展必须向大自然索取并适应自然界的变化，否则难以生存。在人类的初始发展阶段，由于自身智力、生产力及科技发展水平相对有限，因而人类与自然界的关系相对和谐。人类通过狩猎、采摘野果等方式从自然界获取食物维持生存。随着自身智力水平、适应环境能力及生产力水平的提高，人类开始了改造自然的征途。人类通过建造自己的栖身之所、耕作农田等一方面改善生活条件，另一方面也建造了最原始的乡土景观，如民居、农田、沟渠等。

工业化、城镇化在向自然界发起挑战的同时，对于乡村也产生了深远影响。城镇化与工业化使城市面积越来越大、工厂企业越来越多，对土地的需求必然也越来越大。同时乡村的城镇化也使乡村逐渐转变为城镇，这一过程也伴随着对土地资源的需求，城镇与乡村的这些需求最终导致乡村自然生态及自然生态景观遭到破坏。伴随着城镇化与工业化的扩张，乡村的大片田地被侵占，林木草地等植被被破坏。为了掠夺资源，山丘、地表、农田被开肠破肚，河流被切断或截留，乡村自然景观被无情破坏或消失。客观而言，这种现象是世界性的。

（二）乡土元素消逝

由于过度及盲目开发，乡土元素遭到严重破坏。在经济利益驱使之下，在乡村振兴、建设美丽乡村、改善农村生活环境、新农村建设等一系列名目之下，部分乡村大拆大建，盲目开发侵占甚至破坏乡村资源的现象随处可见。非但没有给乡村带来实实在在的好处，反而给它们造成了巨大伤害。乡村旅游是以旅游度假为宗旨，以村庄野外为空间，以人文无干扰、生态无破坏、游居和野趣为特色的村野旅游形式。2016 年党中央一号文件强调，大力发展休闲农业和乡村旅游。强化规划引导，采取以奖代补、先建后补、财政贴息、设立产业投资基金等方式扶持休闲农业与乡村旅游业发展。在政府的大力提倡下，各地政府积极响应。但是，有些地方政府并没有因地制宜地进行乡村旅游开发，而是一窝蜂地盲目大上旅游项目，结果造成巨大浪费。一篇《乡村振兴不是盲目开发乡村旅游！谨防劳民伤财》的文章报道：在最近的调研中发现，全国 2000 多个县中，绝大多数都把发展旅游业作为了乡村振兴战略的重要一环。但事实上，并不是所有地方都适合发展乡村旅游，如果全国每个县都发展旅游，每个景点都一模一样，谁愿意去旅游参观呢？①

目前只有5%的农村具有赚取城市人"乡愁"钱的潜力。对于大多数远离大中城市的乡村，尤其是中西部乡村，乡村旅游发展的前景并不乐观。最近二十年间，各地打造了无数乡村旅游项目，但真正成功的项目不多，成为全国乡村旅游典范的更少。过去十多年来，由政府主导的新农村建设的理念和模式导致了新农村建设普遍存在"单一性、城市化、千村一面"等问题。由此我们可以窥见乡村盲目建设的缩影。许多地方不切实际地盲目引进各种各样的项目，且不说这些项目的经济效益如何，是否达到了建设目的，单单大批占用乡村自然资源、拆除或破坏乡土元素而言就是巨大错误，贻害无穷。为了所谓建设开发，农耕田地、树林、农作物、灌溉沟渠、田间小道、水利设施、野生坡地甚至河流、山丘等具有浓厚乡土味道的乡村元素被拆除、被破坏、被占用。为了所谓建设开发，民居、寺庙、祠堂、私塾学校、谷场、粮仓、牌坊、木桥、墓碑、碾棚、戏台、炉灶、庭院树木、门楼等极具人文与历史价值的乡土元素也被无情抛弃，成为新项目、新建设、新景观、新政绩的牺牲品。这些乡土元素的消失，无疑让乡村丧失了乡土韵味。设想一下如果乡村没有了民居、寺庙、祠堂、私塾学校、谷场、粮仓、牌坊、木桥等乡土元素，何以能够慰藉人们苦苦追寻的乡愁？

（三）乡土文化流失

绚丽多彩的乡村文化形式日渐萎缩，村民淳朴心性悄悄改变。

在中国古代社会里，乡村文化是与庙堂文化相对立的一种文化，乡村文化在乡村治理中发挥着重要作用。在人们的记忆中，乡村是安详稳定、

---

① 李昌金.乡村振兴不是盲目开发乡村旅游！谨防劳民伤财［EB/OL］.搜狐网，2018－08－29.

恬淡自足的象征，故乡是人们魂牵梦绕的地方。回归乡里、落叶归根是人们的选择和期望。然而在工业化与城镇化大潮的洗礼下，斗转星移，沧海桑田，农村出现了一些农耕时代不曾出现的新现象：庄稼少了，牲畜少了，乡村味道消失。乡贤文化、耕读文化、民俗文化、节庆文化、孝文化、礼仪文化、桑蚕文化、织布文化、茶文化、渔猎文化、祭祖文化、戏社文化、集市文化、婚丧嫁娶文化、饮食文化、服饰文化、家族文化等所有与乡村有关的文化都或多或少地受到影响甚至消失。这些具有外在形式的乡村文化的衰退对乡村的韵味及吸引力是一种巨大的损失。

（四）乡村规划方式缺陷

乡村包括其中景观的发展在历史上是一个自发、自然演变的过程，在乡村诞生之初并没有精心规划，人们只是根据自然环境有没有谋生的条件，例如，田地、水等基本条件；有没有基本的安全保障，例如，没有洪水等而确立村庄的地点与方位，所谓的规划只是心中简单的谋划。随着村庄的扩大与历史发展，乡土景观也一点一点成为乡村的一部分，这些景观充满了历史感与浓浓的人文情怀。然而在经济高速发展的现代社会，由于没有足够财力支撑、没有专业人士参与、没有长远眼光、没有人文精神、没有审美能力、没有时间保障等众多原因，在乡村建设中脱离实际、缺乏美感、面貌单一、缺乏人文情怀的设计规划泛滥，成为乡村建设中一个普遍存在的现象。

真正的规划设计是独创的、源自自然的，绝不会生搬硬套地抄袭照搬。景观从来不是目的，而是实现美好生活的一种营造手法。希望人们回到自然的公园里，回到这样一个能够接触真实自然的空间。郑州新密桃源溪谷景观示范区的设计灵感来源于陶渊明的《桃花源记》。没有仪式感，没有几进几院的山庄，只是用当地山野的材料，辅以攀缘藤本、草花、芒草类植物，师傅靠肉眼衡量毛石形状筛切砌筑，直至成型。整个溪谷也就呈现出了非常不同于别家的特色景观示范区，没有新中式或欧式的花哨，更多的是源于自然的设计。桃源溪谷所在地，其实是太行山的余脉，有着高高低低的地形起伏，最高地形差达到 200 多米，这样剧烈的地形变化，并没有成为设计的绊脚石，反而成了溪谷的特点之一。设计师利用这样高低不平的地形差异，几乎保留了原有的地貌，打造特色景观区。然而这种成功的案例在现实之中所占比例不高，占多数的都是简单的抄袭与千篇一律的模仿。虽然有许多客观原因，但改变这一现象却是我们必须要做出的抉择。

（五）乡土建筑消亡

盲目模仿城市建筑形式，承载历史追忆的乡土建筑逐步消失。建筑本身本不是生来就有的客观存在，与其他事物一样也有一个从产生到发展再到消亡的历史过程。建筑物存在的时间长短取决于很多因素，例如，建筑质量、生态环境、社会变革、主人意志等都是影响建筑存活的重要因素。乡土建筑是乡土文化景观的重要元素，它们的存在使乡村保留浓浓的乡土气息。乡土建筑大多数由于客观因素制约，其质量、外观等都难以称得上精品，在时间、风雨的冲刷之下都难以逃脱消亡的命运。但总有一些建筑能够存活下来，成为乡土人文景观的重要组成部分。只要它们存在，乡村就有浓浓的乡土味道。然而在经济大潮及急功近利的农村建设中，为了所谓的整片开发、集约开发，许多仍然具有存在价值、承载历史追忆的乡土建筑被无情摧毁，取而代之的是所谓现代化的新建筑。钢筋混凝土代替了富有泥土气味的砖瓦，高耸的楼房取代了富有生活气息的四合院，柏油马路取代了富有诗意的羊肠小径，失去了乡村原有的味道。

第二节　原因剖析

一、城市文化冲击

城乡巨大差异对农民造成颠覆性思想冲击。对城市生活模式的追求，导致悠久乡土文化元素逐渐消逝。城市的出现，是人类走向成熟和文明的标志，也是人类群居生活的高级形式。城市是"城"与"市"的组合词。"城"在《说文解字》中注曰："从土，从成，成亦声。""成"意为"百分之百""完全"。"土"指阜堆。"土"与"成"联合起来表示完全用土垒筑的墙圈、百分之百的土筑墙圈。城的本义是城邑的防卫性墙圈。城的作用是双重的，既用于防御外来入侵，也用于防范城市居民暴动。"市"是指进行交易的场所，"日中为市"，本义是市场。《说文解字》中注曰："市，买卖之所也。""城"与"市"这二者都是城市最原始的形态，严格而言都不是真正意义上的城市。一个区域作为城市必须有质的规范性。城市也叫城市聚落，现代城市一般包括了住宅区、工业区和商业区并且具备行政管辖功能。

从城市起源而言，有因"市"而"城"、因"城"而"市"两种类型，因"市"而"城"是由于一个地方人口多起来之后集市也越来越繁荣，最后以集市为中心形成城市，即是先有市场后有城市的形成，这类城市比较多见，如上海、苏州、宁波、泉州等城市就是因为商品经济与集市的繁荣而立市的，是人类经济发展到一定阶段的产物，是人类交易中心和聚集中心的产物。因"城"而"市"形成的城市是先有城后有市，市是在城的基础上发展起来的，这种类型的城市多见于战略要地和边疆城市，如威海起源于威海卫，山海关市起源于边防关隘。

城市与乡村而对。但乡村的诞生远远早于城市。早期人类居无定所。随遇而栖，三五成群，渔猎而食。动荡的生活是生活所迫，一旦人们找到满足定居的水草丰美、动物繁盛的地方，人们便定居下来。定居下来的先民，为了抵御野兽的侵扰，便在驻地周围扎上篱笆，形成了早期的村落。随着人口的繁盛，村落规模也不断扩大，当人们需要交换多余的物资时，交易的集市出现，早期"城市"雏形随之形成。

现代真正意义上的城市，普遍认为是工商业发展的产物。如13世纪的地中海沿岸城市米兰、威尼斯等都是重要的商业和贸易中心。工业革命后城市化进程加快，城市获得了前所未有的发展。城市成为富足的标志与文明的象征，而乡村成为贫穷、落后、偏远的代名词。城市与乡村之间的对立越来越尖锐。

城市汇集了一个国家与社会中最高的科技、最流行的时尚、受教育程度最高的人群、最现代化的工业企业、最繁荣的集市，并且是政治、经济、文化、教育、交通的中心。伴随科技与经济的发展，城市发展的速度越来越快，发展的质量越来越高。相对而言，乡村的发展较为缓慢，加之随着时间的推移，城市与乡村的差距越来越大，其间的鸿沟难以逾越。面对城乡之间的巨大差异，村民对城市生活模式的追求对其思想产生了重大冲击。村民逐渐感受到城市生活与城市文化的巨大诱惑力。城市文化具有复杂化、多元化的特点。城市文化与乡土文化相对立，由于城市自身在经济、科技、交通等多方面的优势，现代城市文化相对于乡土文化也具有诸多优势。许多时尚的流行文化都源自城市，并向乡村蔓延，乡土文化成为新思想、新文化形式的被动接受者。城市文化相对乡土文化而言，成为一种强势文化。面对这种强势文化，乡村及乡村的人们普遍认为乡土文化是过时的文化，因而他们有意或无意地逐渐抛弃乡土文化及其元素。在此背景下，乡土景观被忽视、被抛弃就成为城市文化碾压乡土文化的牺牲品。本来被视为乡土文化代表及载体的乡土人文景观，在村民的漠视之下，在时间的冲刷之下，在经济大潮的碾压之下，逐渐被遗忘，逐渐没落。

自给自足的小农经济是中国传统文化发展的基础，在此基础上孕育出一个相对封闭和稳定的乡土人文环境。乡土景观、乡土文化的发展及其存在与其本身所依附的环境密切相关。在整体环境受到外力巨大冲击之时，乡土文化及其景观容易受到严重影响甚至消亡。在城市化进程不断加快的背景下，乡村村民赖以生存的文化环境、乡村自然风貌与人文环境都发生了翻天覆地的变化，乡土文化及其景观受到严重影响及破坏。一方面，原本传统、独具风味的乡村自然风貌被破坏；另一方面，随着现代城市时尚文化的入侵，乡村社会、政治、教育、生产生活与思想文化体系等随之发生改变。建立在相对封闭、稳定、和谐、自我修复基础之上的村民价值观、伦理观、思想道德观以及人生观、金钱观等都发生了巨大改变。城市文化、西方文化及外地文化的输入，村民的信仰、道德标准不再统一，多元化、差异化、民主化和自由化逐步成为发展方向。在城市文化和乡土文化的碰撞过程中，村民与现代城市文化交融。在城市文化占据主导与优势地位的背景下人们开始摒弃乡村传统文化，乡土文化被逐步边缘化、淡漠化，原本对乡土文化坚守的热情锐减。乡土人文景观在此整体环境下也逐步边缘化、淡漠化，在时间侵蚀与所谓建设要求下渐渐消失，成为人们心目中再难追寻载体的记忆。

二、审美观念转变

社会审美观念逐渐转变，乡土审美风尚与审美本体逐渐失落。黑格尔说美是理念的感性显现。审美观念又称审美观，它是人们在长期的生活与实践中形成的关于"什么是美"或"美是什么"的理性认识。审美观念是在审美经验积累到一定程度的时候才产生的，它对一个人的审美感觉起一定的引导与规范的作用。例如，一个人认为什么是美丽的山，是喜欢雄伟的高山还是喜欢俊秀的山峦，是喜欢北方山水还是喜欢南方山水，其实这与一个人的审美观念密切相关。审美观念一经形成就具有相对的独立性。在艺术方面审美观念指导着创作和欣赏，它也就制约着人们对现实和艺术的审美方向。例如，在艺术创作中，崇尚现实主义审美观念的作者往往重视现实关系的真实再现，如巴尔扎克（Balzac）的《人间喜剧》。而崇尚浪漫主义的作者则热情洋溢地追求理想。如西方浪漫主义代表诗人济慈（keats）的《每当我害怕》："每当我害怕，生命也许等不及。我的笔搜集完我蓬勃的思潮，等不及高高一堆书，在文字里，像丰富的谷仓，把熟谷子收好；每当我在繁星的夜幕上看见。传奇故事的巨大的云雾征象，而且想，我或许活不到那一天，以偶然的神笔描出它的幻象。"

虽然一个人的审美观念一旦生成不会轻易改变，但并非一旦形成就永远不变，新的生活环境、新经验的获得，新的知识、新的风尚、新的审美对象类型的出现，其他人审美观念的影响等都可能改变或修正一个人的审美观念。乡村在很长的历史时期都以农耕为主要生活方式，虽然人们每天都劳作，没有多少闲暇时间与物质资源去追求审美享受，但这并不妨碍他们有自己的审美标准与审美观念。对于什么是美的，他们都有自己的判断与标准，并且这些标准的高低并不与个人经济、文化教育水平等有直接关系。敬畏自然、遵循简朴以及庆贺传统是村民审美观念与审美活动的重要内容。农耕社会的中国乡村秉持了传统的美学标准。儒家思想的熏陶让他们有了耕读传家的理念，保持了务农和学习并重的传统。乡村人文景观体现了中国乡村人的传统审美观念。虽然中国乡村审美观念的产生与发展历经的时间十分漫长，一旦形成具有较强的稳定性，但现代文明与城市化作为一种外力对于中国乡村审美观念的冲击却十分强大。

面对外来特别是外来城市文化的冲击，村民的审美观念发生了重大变化。许多人对以前认为是美的事物产生了怀疑，转而喜欢外来的城市文化元素，将自身的乡土文化元素视为落后的、不美的东西，逐渐将其抛弃。例如，现在许多中国乡村地区虽然仍然以古旧艺术品、老家具和工艺品装点着一些旧民居，但这一现象不再是乡村的主流。大多数村民认为现代化的装饰品是美的，在青年人的婚房中到处都是现代装饰品，古朴的、乡土的文化元素与饰物已难觅踪迹。古时在长江、嘉陵江、其他河流及支流边上，有许多因繁忙水运以及贸易而生的村落，如重庆郊区古风犹存、临河兴起的塘河古镇，多数建在多雾的河畔丘陵，也因为古代徽商活跃在这个地区，精美的徽派建筑被移植于此。如今古屋里大多只居住着孤单的老者，年轻人或者搬到城市居住，或者住在附近新建的现代房屋之中。整个古村落已渐渐没有年轻人生活的气息。不是这些建筑不美，而是时代变化了，人们的审美观念也发生了变化，而新的审美风尚吸引着人们去过所谓新的、更美的生活。

审美观念发生变化从历史发展的角度而言是一种正常的社会现象。任何观念、任何事物都非一成不变，变化是绝对的，不变化是相对的。审美观念一旦形成，往往表现出相对的稳定性。然而从较长的时间段而言，如几十年、几百年，那么审美标准的变化就较为显著。在中国历史上，汉代的赵飞燕以美貌著称，所谓"环肥燕瘦"的燕瘦用以比喻体态轻盈瘦弱的美女。唐代人以胖为美，以丰满浓丽为审美取向。唐代绘画、雕塑、陶俑及各类艺术作品所表现的女性形象，留给大家最突出的印象是"丰肥浓丽、热烈放姿"。宋代苏东坡《孙莘老求墨妙亭诗》云："兰亭茧纸入昭陵，世间遗迹犹龙腾。颜公变法出新意，细筋入骨如秋鹰。徐家父子亦秀绝，字外出力中藏棱。峄山传统典刑在，千载笔法留阳冰。杜陵评书贵瘦硬，此谕未公吾不凭。短长肥瘠各有态，玉环飞燕谁敢憎。"苏东坡在这里讲出了审美风尚不同的现实。现代与唐代的审美风尚已迥然不同，无论是西方还是国内，现在都以瘦为美。由此看到审美风尚与标准在历史长河中的巨大变化。

乡村村民审美观念的转变，个人认为主要可以从两个方面阐释。一是外来文化特别是现代城市文化的冲击促使审美观念发生转变。外来因素特别是具有现代性与时尚流行性的因素具有较大的冲击力，它们之所以流行，可以向乡村渗透，现象本身就说明它们自身具有较为强大的吸引力与生命力。因为只有具有吸引力与生命力的事物才能被吸收，否则难以流行，难以对他物产生影响。本身不具有美的特质的事物是不可能流行起来的，也不可能被别人吸纳接受。二是在时间的侵蚀下，审美观念自身具有从产生到发展，再到鼎盛，再到消亡的自然属性。在不同的历史时期与环境中，过去村民认为是美的东西、极力追求与模仿的事物，随着时间的推移，它们在村民心目中的地位也会发生相应变化。房屋的各种装饰物、各种衣服式样及其饰品，以及发型、颜色等随着村民的审美观念的变化而变化。许多过去认为稀缺、美的东西随着时间推移在人们心目中逐渐变成不美的东西。《儿女英雄传》二十七回："不怕你有喜新厌旧的心肠，我自有移星换斗的手段。"《清史稿·王茂荫传》："今行大钱，颇见便利，盖喜新厌故，人情一概。及不旋踵，弃如敝屣。稽诸往事。莫非如是。"乡土人文景观在外来文化冲击、审美观念转变以及喜新厌旧心理等多种因素的影响下被抛弃、被漠视、被拆毁，成为一种难以转变的社会现实。

三、村民生活方式不断变化

　　城市化不断侵蚀村民原本的生活观念、劳作方式及价值观。繁华多变、光怪陆离的都市生活冲击着居住在乡村村民们的生活方式、生活观念及劳作方式。农耕社会村民生活十分简单，每天都是面朝黑土背朝天地劳作，看到的只是自己的几分地，处理的是家长里短的小事情。小富即安、知足常乐、平平淡淡、勤俭持家、勤劳致富、和和气气、随遇而安等是乡村人的生活观念。先秦时的《击壤歌》："日出而作，日入而息。凿井而饮，耕田而食。帝力于我何有哉。"太阳出来就去耕作田地，太阳落山就回家去休息。凿一眼井就可以有水喝，种出庄稼就不会饿肚皮。这样的日子有何不自在，谁还去羡慕帝王的权力。《击壤歌》是一首淳朴的民谣。据《帝王世纪》记载："帝尧之世，天下大和，百姓无事。有八九十老人，击壤而歌。"这位八九十岁的老人所歌的歌词就是："日出而作，日入而息。凿井而饮，耕田而食。帝力于我何有哉。"这首民谣描绘的是在上古尧代的太平盛世，反映了农耕文化的特点，是劳动人民自食其力生活的真实写照。《击壤歌》也许是中国歌曲之祖。清代诗人沈德潜《古诗源》注释说："帝尧以前，近于荒渺。虽有《皇娥》《白帝》二歌，系王嘉伪撰，其事近诬。故以《击壤歌》为始。"《击壤歌》形象地描绘了农耕社会村民的生活态度与劳作方式。

　　现代社会乡村的劳作方式随着科技与生产力整体水平的提高也发生了

显著变化。在工业革命之前，农耕生产主要靠人力与畜力进行劳作。一把锄头、一把铁铲、一把耕犁，简单工具就是村民的生产工具，汗水与勤劳成为保障农作物收成的重要因素。因为农耕生产力水平低下，因而人们被牢牢困在土地上、困在乡村范围之内。工业革命之后，特别是进入21世纪以来，中国农业机器化水平快速提高，社会整体发展速度较快，又由于中国人均耕地极其有限，因而农民快速从土地上解脱出来，到城市或其他地方从事非农业生产活动。现在机器化耕田、机器化播种插秧、机器化收割脱粒、机器化运输仓储在中国大江南北已十分普遍。劳作方式的改变对乡村的影响十分深远。乡村村民逐渐从土地上脱离出来，摆脱了半封闭的生产生活状态，人们纷纷走出乡村而奔向城市。在城市中他们接受新的思想观念与生活方式，当他们返回家乡时把新的思想观念与生活方式潜移默化地植入乡村，潜移默化地改变乡村的整体风貌。同时，乡村传统的价值观也发生变化。成功的标准不再是谁家的田地种得好、家中存粮多，谁家四世同堂，谁最忠实可靠，谁最老实本分。价值观的改变也改变了人的审美观念，审美观念的改变导致乡土人文景观的改变。以前认为美的景观现在不认为美了，以前认为不美的景观现在可能认为是美的。例如，20世纪六七十年代北方乡村（如山东淄博的乡村）喜欢在家中种植海棠花、菊花、石榴树，但现在种植的人家已经很少，现在家中常常摆设君子兰、大岩桐等具有现代风味的花草。

四、乡村人口流失

大批村民进城务工，随着老人去世，乡村文化出现"断代"现象。自改革开放以来，城市经济蓬勃发展，特别是私营与外资企业的发展，需要大批工人，而农村由于耕地少，富余劳动力较多，在经济利益驱使下农村青壮年村民离开乡村进入城市工商企业务工，成为产业工人。经济发达地区随着经济的发展需要越来越多的工人，因而农民工源源不断地从乡村流向城市。学术界对于农民工的定义是指户籍地在乡村，进入城区从事非农产业劳动 6 个月及以上，常住地在城区，以非农业收入为主要收入的劳动者。农民工的数量逐年增加，据《改革开放 30 年流动农民工统计表》，1985—1990 年，中国农民工数量是 2118 万。1990—2000 年，中国农民工数量是 12900 万。2002 年中国农民工数量是 10469 万。2008 年中国农民工数量是 14041 万。据国家统计局发布的《2014 年全国进城务工人员监测调查报告》显示，2014 年全国进城务工人员总量为 27395 万人，比上年增加 501 万人，增长 1.9%。其中，外出进城务工人员 16821 万人，比上年增加 211 万人，增长 1.3%；本地进城务工人员 10574 万人，增加 290 万人，增长 2.8%。2016 年 2 月 29 日，国家统计局发布 2015 年国民经济和社会发展统计公报，数据显示，2015 年，全国进城务工人员总量 27747 万人，比上年增长 1.3%。其中，外出进城务工人员 16884 万人，增长 0.4%；本地进城务工人员 10863 万人，增长 2.7%。2020 年 2 月 28 日，国家统计局发布 2019 年国民经济和社会发展统计公报，数据显示：全国农民工总量 29077 万人，比上年增长 0.8%。其中，外出农民工 17425 万人，增长 0.9%；本地农民工 11652 万人，增长 0.7%。从这些数据可以看出，农民工的数量越来越庞大，所占总人口比例也十分庞大。东部地区农民工数量高于中部、西部地区，农民工月均收入不高，但各地区农民工收入差距不大，中西部农民工务工收入增速要快于东部地区。进城务工的农民工一般都是有一定劳动能力的村民，从年龄上看一般大于 14 岁，小于 60 岁，也就是说农民工大多数是青壮年劳动力。不能外出打工的村民大多是儿童与老年人，能出去的都外出打工，这也是现实的无奈之举。举一个现实例子，为什么年轻人都出去打工？在我们村以种小麦、玉米、果树为主，小麦、玉米一年各种一茬，土地肥沃的，一亩地最多分别能收成 1000 斤小麦、1000 斤玉米，按最高的市场价一块钱一斤，一年总收入 2000 元，除去管理、化肥、种子、耕种、浇水等成本，基本收支持平，这还不包括人工成本，这样辛辛苦苦一年温饱都成问题了。种果树，更是费时费工，修剪、稀花、农药、套袋、采摘、储存等费用除外，也是所剩无几，稍有不慎，可能还要赔本。这样一年的收入完全不如打工一个月的收入，所以乡村的年轻人大多选择外出打工，剩下年纪大的在没办法的情况下，只有自给自足，艰难维持。

大量村民进城务工，乡村出现空心化现象。随着工业化和城镇化快速推进，乡村空心化现象日益严重，并逐渐从人口空心化演化为人口、土地、技术、产业、服务、文化和公共设施整体空心化。一些农村陷入整体性衰落与凋敝，尤其是经济相对落后地区的乡村更甚。例如，贵州省的某些山村，由于没有土地、没有产业，农民在有限资源环境中难以生存，有的举家甚至是整个村庄的人都离开原来的村庄外出务工，乡村空心化现象给乡村现象可谓触目惊心。空心化现象给乡村带来一系列问题，使农村经济、公共服务、文化以及社会秩序等面临一系列挑战，严重阻碍农村社区建设的良性发展。同时随着老人去世，乡村人口结构失衡，乡村文化出现断代现象。河北师范大学"化解万千·学无止境实践队"对乡村的人口与劳动力断代现象开展研究，他们通过暑期到乡村调查研究，对调研数据进行整理后发现乡村劳动力大量转移，农业劳动力素质明显下降，农业兼业化、农民老龄化、农村空心化现象日益严重，留乡务农大都是妇女和五六十岁的老人，这无不映射着村民断代、后继乏人的农村现状。

乡村人员的大量流失与断代现象的出现，导致乡村文化及乡土景观的迷失、陷入低谷。因为乡村文化的产生与发展是一个连续的过程，如果乡村没有了延续乡村文化的人员，出现乡村文化的断代现象，那么乡村文化必然陷入停滞甚至消亡。人口外流削减了乡村文化发展的后劲，造成乡村文化传统的传承断裂。乡村不仅在文化建设上无法和城市同步发展，在经济、医疗等方面与城市的差距也越来越大。公共文化服务中缺失中坚力量的参与，使得乡村文化一步步走向边缘化。在这种城乡二元的背景下，各级政府为加快建设开始沿袭模仿城市建设，集镇生活对现代城市生活的模仿也对周边的乡村产生辐射。越来越多的乡村沦为发展不完全的"四不像"，传统文化体系也在城市文化下沉后被逐步侵蚀。村民主体地位的缺失更是给了乡村文化沉重一击。我国目前的文化产业的主要服务对象以城市居民为主，为农村、农民服务的意识有待强，村民只能被动接受外界文化的输入，造成传统文化意识的涣散。新生代村民原有价值观被打破，新价值体系又没有完全建立，造成了精神贫困的现象。农民对文化需求旺盛，目前乡村文化供给失衡让传统农村文化体系遭受挑战。更有甚者，有的地区出现了"贫困文化"——村民惧怕风险而不作为、听天由命。这种畏而不为的糟粕文化逐渐发展，产生代际传承，对传统文化体系发起了挑战。乡村人口流失、断代现象、乡村文化迷失等现象的存在使乡土人文景观的处境日益艰难。越来越少人关心原有乡土人文景观的存在、发展与修缮，许多景观因此而逐渐消亡。越来越少人有意愿兴建富有乡土人文气息的景观，乡土人文景观缺乏未来发展前景，如此形成恶性循环，随着时间推移、社会发展，最终导致整个乡土人文景观的停滞与消亡。

五、乡土文化及其景观保护与传承重要性认识不足

乡村传统文化与景观面临困境的一个重要原因是缺乏文化保护和传承意识。政府在乡村建设中过多注重乡村经济的发展，注重乡村旅游资源的开拓，过分强调基础设施的建设而没有意识到乡村文化的重要性和紧迫性，忽视了乡村传统文化及其载体人文景观的规范化设计、保护与传承，乡村文化底蕴在过分追求经济发展的过程中被掩埋。村民由于自身知识水平、视野及利益驱动等原因，大部分人看重物质及短期利益，面对乡村文化及乡土景观保护和传承工作往往采取事不关己的态度消极应对，甚至个别人为了一己私利而进行景观与文物的破坏活动。例如，近年来全国各地陆续发生了不同程度的文物破坏事件。四川安岳石窟一尊建于宋代的佛教雕像遭到恶意毁灭式修复、徐州市韩桥煤矿旧址部分建筑被擅自拆除、千年万里长城烽火台上建民宿等一系列毁坏破坏文物事件层出不穷。又如杭州岳王庙发生恶意破坏事件，由一位外地游客所为，他用一把裁纸刀在岳王庙公园内的凉亭柱上刻下"三十载功名尘与土，妾如不弃，君毕不离"等字样，而且落款"耿剑尘"。文物频繁遭到破坏，其根本原因是人们对文物、遗址、文化的保护意识薄弱，没有认识到文物对国家、民族具有重要意义。

再如，吕梁山风景区位于徐州市区东南侧，是3A级景区，那里风景宜人，是游客休闲度假的好去处。然而，有人却打起了山上石头的主意。徐州警方曾破获了一起盗采景区矿石的案件，多名嫌疑人结伙，疯狂盗采灰岩矿石1万余吨，对景区山体造成不可修复的破坏。破坏者都是附近的村民，他们使用最原始的机械工具进行挖掘，对景区山体的破坏已无法修复。警方调查中发现，开采现场到处是石料坑，山脚石壁、植被也遭到严重损毁。还有部分村民狭隘地认为乡村中的古建筑、传统技艺、民风民俗、建筑景观等是导致其落后贫穷的重要原因，或者认为这些古建筑、历史景观的存在影响了乡村的现代化风貌。

具有重要历史与人文价值的乡土景观遭受城市化车轮的碾压，乡村原有的文化内涵与底蕴逐渐丧失，传承面临极大的危机。

乡土文化及景观没有得到保护与发展的原因除了对其重要性认识不足之外还有其他方面的原因。首先，乡土文化保护传承人才不足与缺位是重要原因之一。城市的发展产生巨大的虹吸效益，乡村人才大量向城市流动，城市人才却不愿意从事乡村文化建设事业。

其次，文化政策法规不健全和经费保障不足也是重要原因之一。虽然国家出台了许多政策文件、布置了许多文化建设任务，但目前仍然在制度方面缺乏一套完善的乡村传统文化管理保障机制。制度的不完善或者缺位导致实践过程中面临诸多难以逾越的系统性难题。缺乏乡村文化保护法律法规制度及工作激励机制，政策文件中对于乡村文化保护与建设的细节性问题没有把握住，泛泛的规章制度缺乏可操作性，导致乡村文化建设存在诸多空白点与痛点。

另外，乡村文化建设缺乏资金，严重制约着各项工作的开展。长期以来由于经济不发达、财政困难，乡村教育经费难以保障，投入乡村文化事业的资金相对较低也无法得到保障，政府有财政盈余就多投入一些，财政困难就少投入甚至不投入，导致大部分农村地区乡村文化建设都面临资金短缺的尴尬处境。乡村经济本来就薄弱，单靠政府难以从根本上解决乡村建设资金不足的问题。

针对以上对乡村文化及人文景观建设方面存在的问题，著者提出以下措施或解决方案。

第一，提高对乡土文化建设重要性的认识。乡土文建设的主体是农民群众，乡土文化的建设和发展必须以村民的需求为出发点和落脚点。村民认识到乡村文化的重要性后，主人翁意识增强，会自觉地保护乡村文化遗产与景观，避免漠视与破坏行为的发生。地方各级政府认识到乡村文化重要性及现实意义后，应主动摒弃过去过度强调片区经济发展的观念，将人力、物力与财力向乡村文化建设方面倾斜，保障相关各项工作顺利开展。

第二，转变政府职能、完善乡村文化建设机制。为激发乡村文化活力，政府需转变自身观念，建立完善机制保障乡村文化建设事业稳定的财政投入，建立城乡文化统筹发展机制，从而保障乡村文化的可持续发展。政府在乡村文化建设中既不能缺位也不能越位。在制定一系列法律法规制度来规范乡村文化健康发展基础上提供充足的经济财政支持，同时政府也不能过多干预乡村村民的自主建设行为。如果干预过多，处处操心，时时监督，会打击村民的积极性，削弱他们的创造力。即使在政府强力干预下乡村文化有所成就，相信在这种情况下创造的乡村文化必然呆板无趣，乡村文化因失去创新性，成为刻板僵硬、不受人喜欢的死物。因此，政府要协调好村民和文化发展的关系，引导村民积极参与乡村文化的建设中来十分重要。

第三，加强乡村公共文化体系建设和乡村公共教育事业。乡村文化建设的主体是村民，乡村村民素质的高低直接影响乡村文化建设的发展。大力发展乡村公共教育事业是提高农民群众科学文化素质、顺利推进乡村文化建设的关键要素。加强乡村公共文化服务主体、内容、设施的建设，不但有益于农村公益性文化活动的开展，而且对于推动乡村教育理念、培育一个和谐良好的文化建设氛围也十分重要。

第四，推进乡土文化发展常态化。乡村文化建设并不是一朝一夕能够完成的短期任务，乡村文化的发展是一个动态变化的过程。乡村文化建设非一日可成，是日复一日、年复一年的系统工程。乡村文化的形成经历了漫长的过程，思维、风俗习惯、道德规范、行为模式、人文景观营造等都是经过很长时间才形成或积淀下来，因此，乡土文化建设必须从乡村实际情况以及长远规划出发，建立一个乡村文化发展良性循环的机制与体系，推进乡土文化常态化发展。在乡村文化发展过程中，要避免作秀式、急功近利式、应付检查式的短期行为措施。只有乡村文化建设常态化，村民真心参与，建设活动实实在在，久久为功，乡村文化建设才能取得较大成绩。

第五，大力发展乡村文化产业。阿多诺（Adomo）和霍克海默（Horkheimer）在《启蒙辩证法》（1947）一书中率先使用文化产业（Culture Industry）概念。文化产业就是按照工业标准，生产、再生产、储存以及分配文化产品和服务的一系列活动，是联合国教科文组织关于文化产业的阐释。文化产业狭义上包括文学艺术创作、影视、音乐创作、摄影、美术、戏剧表演、曲艺、魔术、舞蹈、工业设计与建筑设计，以满足人们的文化需要作为目标。乡村文化产业既具有大文化产业所具有的普遍属性，又具有其独特性。1. 乡村文化产业的载体是农业，主体是村民，阵地在乡村，市场在城乡。2. 文化产品资源重点体现乡土特质和区域特色。3. 乡村文化产业创造的文化生产力来自乡村，又进一步发展乡村。4. 乡村文化产业经营的产品以具有地方历史传承特色的文艺演出、民间工艺、农业生态、自然生态旅游、生活体验等为主要内容。

乡村文化产业具有市场化的特点，必须遵循市场经济规律。乡村文化产业的特点：（1）层次性。乡村文化产业具有基础层（地方文化资源）、核心产业层（地方文化产品）和延伸产业层（如民族服饰设计中蕴涵的时尚文化）三个基本层次。（2）创造性。乡村文化产业及产品所承载的内容凝结了村民的创造性劳动并不断深化与提升。（4）流通性。乡村文化产品具有商业性，通过市场送达消费者手中。4. 可复制性。乡村文化产业可以按照一定标准来生产一系列文化产品，确保公众享受到符合公众要求的高质量服务。

文化产业对于乡村文化建设而言十分重要。在几千年历史的演变中，乡村沉淀着珍贵而富饶的文化资源。利用这些宝贵资源大力发展文化产业项目，一方面，可以促使乡村的民间艺术、民间文化形态走出封闭的乡村与地域，走向城市甚至走向世界。另一方面，文化产业可以反哺乡村文化建设，为其提供雄厚的经济财务保障以及交流信息通道，使乡村文化建设有足够资源可以保障其长期发展下去。

第三节　乡土人文景观的保护与营造原则及其价值体系

一、乡土人文景观的保护与营造原则

（一）整性保护原则

整体性是指一个客体作为一个由诸多要素结合而成的有机整体存在并

发挥作用。简单而言就是客体具有其部分在孤立状态下所没有的整体特性。整体性原理在现代社会的各个层面都有广泛应用，系统整体性和整体最佳性是系统工程和系统方法的首要原则。对一个村庄或地域内的几个村庄而言，自然环境、地形地貌、乡土文化、民居、村落、乡土人文景观等都是村庄的某一组成部分，它们之间相互联系、相互影响、相互作用组成村庄这个整体或系统。乡土人文景观依附于乡村大环境，乡村依附于自身的地理环境、生态环境以及社会大环境。在生态与社会大环境这个整体中的所有组成部分、构成元素彼此之间不可分割、共生共存，缺一不可。整体保护原则就是指对一个客体整体内所包含的各个方面的内容有机、全面地进行保护。不仅包括与乡土人文景观紧紧相关的具有物质文化形态的元素，如乡村传统民居、祠堂庙宇等古建筑、私塾等历史文物、历经风雨的历史街区，具有非物质文化形态的元素，如乡村传统的民俗风情、故事传说、历史著名人物与事件、地方特色表演艺术、民间技艺、特色仪式（婚丧嫁娶等）、节庆活动等，也包括河流、水体、山峦、田地、农作物、特色水果、水利沟渠、林木草地、地标界石、地方特有动植物等自然环境与生存环境。整体性保护就是不偏废，不顾此失彼。例如，为了保护人文景观而破坏自然环境，这样即使保护好了民居、古建筑等人文景观，但它们失去了自然生态与社会环境的支持，人文景观与外部环境就产生割裂，失去了原汁原味的乡土气息，这种保护是不完整、不完善，也是不可取的。相反，如果为了保护生态自然环境而破坏人文景观，这样即使保护好了生态自然环境，但整个乡村失去了乡土文化气息，整个乡村因为人文与自然环境的割裂而陷入没有文化、没有精神、没有历史的困境。在进行整体保护的过程中，设计规划专业人士、乡村政府、村民必须相互配合、相互协调及相互帮助才能完成这一复杂的工程。设计规划人员要倾听并尊重村民的意见和需求，而乡村居民有义务积极提出自己的意见、关切与建议，这样才能长久保持整个乡村的生命力和创造力。例如，朱家峪村便是一个较好的实例。朱家峪古村落，隶属山东省济南市章丘区官庄街道，是中国北方地区典型的古村落，是山东省唯一的"中国历史文化名村"。朱家峪大小古建筑近200处，大小石桥99座，井泉66处，自然景观100余处。朱家峪自明代以来，虽经六百多年沧桑，古宅、古校、古泉、古哨、古桥、古道、古祠、古庙等建筑格局仍较完整地保存下来。在这不足5平方公里的朱家峪，祠庙、楼阁、古桥、古文化遗址等景点星罗棋布。民居建筑材料以石头为主，均就地取材，尽管有些院落已年久失修、旧迹斑驳，但仍不失古建筑独有的韵味和风姿。朱家峪人世世代代生生不息，遗留下了丰富的石刻文化艺术品，包括石梁、石人、石兽、石雕、石祠、石碑、石刻、石具等，这些石刻景观代表了中国北方传统民间石刻工艺水平。朱家峪之所以完整地保存下来，成为北方山区民居文化的活化石的原因多种多样，例如，地处偏僻，受外来影响较小，但当地政府与村民有意或无意的整体保护意识及行动也是重要原因之一。

（二）原真性原则

"原真性"（Authenticity）起源于中世纪欧洲之希腊和拉丁语"权威的"（authoritative）和"起源的"（original）两词。在宗教占统治力量的中世纪，"原真性"用来指宗教经本及宗教遗物的真实性。"原真性""Authenticity"英文本义是表示真的而非假的、原本的而非复制的、忠实的而非虚伪的、神圣的而非亵渎的含义。作为一个术语，"Authenticity"不但涉及文物建筑等历史遗产，而且也涉及自然与人工环境、艺术与创作、宗教与传说等。自20世纪60年代"原真性"被引入遗产保护领域。真实性原则最早见于《雅典宪章》，后来随着《威尼斯宪章》《奈良文件》《西安宣言》等一系列国际性文件的出台，真实性原则的内涵和外延发生了变化。1964年的《威尼斯宪章》奠定了原真性对国际现代遗产保护的价值与意义，成为世界文化遗产保护的核心原则之一。对于文化遗产的类型划分越来越细致、对文化遗产的认识与研究日益深入，真实性原则的具体表现形式和运用方法大多都与专项文化遗产（如故宫、孔庙、长城、泰姬陵、埃及金字塔、狮身人面像等）的认定与保护工作相结合。始于 20 世纪中期的乡土文化遗产保护是 20 世纪世界文化遗产保护工作中出现的一种全新的遗产类型，《关于历史性小城镇保护的国际研讨会的决议》《关于历史地区的保护及其当代作用的建议》两个重要国际性文件的通过，以乡土建筑为代表的乡土文化遗产正式成为世界遗产的一种。

《关于历史地区的保护及其当代作用的建议》是一份十分重要的文件，其总的原则是：（1）历史地区及其环境应被视为不可替代的世界遗产的组成部分。（2）每一历史地区及其周围环境应从整体上视为一个相互联系的统一体。（3）历史地区及其周围环境应得到积极保护，使之免受各种损坏。（4）历史地区除了遭受直接破坏的危险外，还存在新开发地区会毁坏临近历史地区环境和特征的危险。（5）保护历史地区能对维护和发展每个国家的文化和社会价值做出突出贡献。①

乡土文化遗产在《关于历史性小城镇保护的国际研讨会的决议》与《关于历史地区的保护及其当代作用的建议》两大决议之前只是被看作一种乡村历史遗存，没有受到应有的重视。随着时代变化和人类对其认识的进一步加深，以及社会整体发展水平的提高，乡土文化遗产作为一种新型的文化遗产类型，真实性原则在乡土文化遗产的具体认知、保护与应用中，作为核心原则必然直接影响乡土文化遗产保护的效果。广袤的土地与自然环境、所处地域的传统民居、历史文化以及民族风情构成了最直观的地域印象与深厚的文化底蕴。在乡村建设、乡土人文景观保护中，一定要坚持乡村的原真性原则。尽量保留整体环境上的地域特色，身处其中能看得到乡间田地与原始的人文景观，体验最原真的乡村生活。无论出于何种原因，盲目模仿、大拆大建、贪大求洋、过度开发文化遗产、破坏乡村历

---

① 联合国教育，科学及文化组织. 关于历史地区的保护及其当代作用的建议 [J]. 中国长城博物馆，2013（2）：8 – 13.

史文化脉络的行为应当坚决制止，否则乡村的本真最终会消失。就盲目模仿而言，许多乡村为了吸引游客，简单模仿其他乡村的文化特色，甚至伪造乡村文化和民风民俗，进行所谓的文化乡村建设，表面看风风火火、热热闹闹，实际上使当地村民对于这些搬来的、水土不服的建设活动不但毫无参与兴致，而且会有相当的抵触情绪，这严重降低了乡村的文化品位，游客乘兴而来败兴而归。因而坚持原真性，减少人为干预，对于保护乡村文化遗产及人文景观至关重要。

（三）以人为本原则

在乡土人文景观保护与营造中必须遵循以人为本的原则。以人为本是中国传统文化的主流。《管子》"夫霸王之所始也，以人为本。本理则国固，本乱则国危。"与《诗经》齐名的《书经》则说："民为邦本，本固邦宁。"以人为本与以民为本，意思完全相同。中国历史上的人本思想，主要是强调人贵于物，"天地万物，唯人为贵"。《论语》："厩焚。子退朝，曰：'伤人乎？'不问马。"马棚失火，孔子问伤人了吗？不问马的情况怎么样。说明在孔子看来，人比马重要。如果一个人有车，别人借去开、出了事故，关心的次序应为：（1）开车人怎么样？没事吧？（2）车伤没伤到别人吧？如果不按这个次序询问就是"不守善道"，别人也会认为你薄情寡义。以人为本与天人合一、刚健有为、贵和尚中是中国传统文化的四大要点。保护与营造乡土人文景观其中的一个宗旨是延续乡土与民族文脉，守护乡土与民族精神文化。乡土景观（祠堂、牌坊、戏楼、民居、乡村石刻等）是乡村文化的载体，营造时必须遵循以人为本的原则。因为这些景观一方面要体现人的思想、审美理想、文化特征；另一方面也需要人去规划设计、营造、维护修缮。如果乡村景观不坚持以人为本的原则，所营造之物或高高在上，或虚无缥缈，或水土不服，或东拼西凑，那么当地村民就没有积极性去参与相关建设与维护活动。所营造之景观必然成为无源之水，无本之木。只有坚持以人为本的理念，才能引导村民发挥其自身主观能动性，实现建设美丽新村的目标。

（四）因地制宜原则

中国古代《吴越春秋·阖闾内传》云："夫筑城郭，立仓库，因地制宜，岂有天地之数以威邻国者乎？"《清史稿·朱嶟传》："惟各省情形不一，因地制宜，随时变通。"在人文地理研究中，常把"地"理解为自然、社会和经济条件的统一，或天时、地利、人和三位一体。因地制宜本义是指根据环境的客观性与差异性，采取适宜于自然环境的生活方式。例如，土质不同，原始居民的居住方式必然不同。陕北黄土高原干旱少雨，人们就采取穴居式窑洞居住。窑洞一般方位朝南，施工简易，不占土地，而且冬暖夏凉。中国的西南省份如贵州省、云南省，潮湿多雨，虫兽很多，人们一般采取栏式竹楼居住。竹楼大多修建在依山傍水之处，竹楼楼上住人，楼下则空置或养家畜，竹楼空气流通，凉爽防潮，适合当地村民居住。蒙古地区草原牧民居住在蒙古包中，便于搬迁，随水草而迁徙。而在北方山区，村民的房屋大多用石头堆砌，就地取材。

中国幅员辽阔，东西南北无论是气候还是地形地貌差别巨大。历史上中国是农耕社会，无数大大小小的乡村分布在大江南北的各个地域。由于自然环境、村落历史、民风民情、地理交通、资源产业以及经济发展各不相同，村与村之间、乡与乡之间、县与县之间都存在或大或小的差异。在乡土景观营造过程中，每一个村庄必须根据自己的客观条件因地制宜地进行规划设计、营造、管理修缮等工作。一千个乡村就应有一千个不同的规划设计方案，一千种不同的营造方法。如果简单模仿或生硬地照搬其他村庄的规划设计与营造方案，虽然也能营造自己的人文景观，但景观的质量、层次、特色性、适应性及影响力必然难以满足人们的期待，难以取得应有的经济效益、社会效益。因为不根据自身的实际客观条件与环境，所设计、营造的景观与所处的乡村环境无法有机融合、无法体现自身的特色、无法获得当地村民的认同，也就无法实现营造乡村人文景观的目标。

苏州园林拙政园是江南园林的代表。如果山西大同的一个村庄或乡镇感觉江南苏州的拙政园非常美丽，要仿造拙政园以水为中心，山水萦绕，厅榭精美，花木繁茂，具有浓郁的江南水乡特色。即使村庄经济实力雄厚有条件建一个与拙政园一模一样的园林，但是由于气候条件，这样的园林也难以存活下去。一是气候干旱，没有足够的水源；二是气候寒冷，树木在零下几十度的天气中生存困难。这样的规划明显没有遵循因地制宜的原则。只有因地制宜挖掘并利用乡村间的差异性来营造体现乡村独特地域特色的景观，才能真正建设起符合乡村发展的人文景观。

（五）可持续性原则

可持续性简单而言是指一种可以长久维持的过程或状态。发展与环境保护相互联系，构成一个有机整体。可持续发展非常重视环境保护，把环境保护作为它积极追求实现的最基本目的之一，环境保护是区分可持续发展与传统发展的分水岭和试金石。历史上对于形式的关注一直占据主导地位，现在正在逐步让位于一种更加平衡的建筑和景观设计观点。推动这种变化的因素包括不断上涨的能源与材料成本，以及人们越来越意识到建筑的生态影响力，这种影响涵盖了温室气体排放总量的40%和巨大的生态破坏力。对于生态系统的破坏正是由于无限度地索取自然界的物质造成的。"美国绿色建筑委员会近期取得的成功代表着在艺术和场地设计的连续体中进行了一次极大的变革。可是这只不过是非常微不足道的开端而已。"①可持续原则的提出在一定程度上是由于生态环境压力下人们不得不采取的原则，但即使没有这种压力，可持续发展也是现代社会需要遵循的一个原则，因为这一原则可以带来多方面的益处，对于乡村人文景观而言更是如此。

可持续发展原则一方面体现在乡村景观的设计、营造、改造以及生态

---

① 〔美〕丹尼尔·威廉姆斯. 可持续设计：生态、建筑和规则〔M〕. 孙晓军，李德新，译. 武汉：华中科技大学出版社，2015：1.

环境保护方面，另一方面体现在对乡村传统文化、文化景观的保护和传承方面。设计师在材料选择方面一般重视材料的成本、性能等因素，而关于消耗材料对自然的破坏、对生态自然平衡的影响则较少考虑。因为设计者的视野一般只专注于景观的专业设计，而对于宏观方面考虑得较少。在新的时代背景下，在新的设计理念下，设计者必须具有宏观视野，因而可持续发展原则成为他们必须首先遵守的原则之一。必须对设计师进行教育培训，遵守从业道德，并建议进行宣誓："我愿尽全力，无论何时何地，无论是对人类社会还是生态环境，绝不设计任何丑陋之建筑。在进行任何场地设计时的首要原则是不应该损害其他场所。""谁都无权改动地球的生物地球化学循环或损害自然体系之稳定性、完整性及其美感，因为如此行为的后果将是一种异代专制。"① 可持续发展理念在景观改造和生态环境保护方面主要体现在原始景观的设计维护及其对乡村土地、水源、植被绿化、能源、整体环境等的统筹思考与规划。全球气候变暖，极端气候频发，人们普遍感受或意识到环境保护的重要性，世界各地各种各样的环保组织应运而生并积极投入到环保运动中。对于文化，特别是对于乡村文化及其人文景观，群众普遍还没有认识到文化保护的重要性，保护意识比较薄弱。失去一种地球上的物种很多人会感到痛惜，但失去一种文化特别是一种不广为人知的乡土文化形态，没有多少人感到遗憾。濒危物种或环境尚有再生的可能，文化一旦消失则难以重生，就会成为历史。乡村文化及其人文景观受到政治制度、价值观念、宗教信仰、民族、经济、人文、历史等因素的影响，乡村传统文化及其人文景观具备民族性、社会性、历史性等特性。社会性与历史性要求对其进行的保护、营造与维护必须坚持可持续性原则。如果在进行规划设计、营造与后续维护过程中没有可持续性理念，乡村文化与景观建设只是一时之念、一时之为，乡村文化与景观即使短时

---

① 〔美〕丹尼尔·威廉姆斯. 可持续设计：生态、建筑和规则［M］. 孙晓军，李德新，译. 武汉：华中科技大学出版社，2015：2.

间内取得一定成果，但因为没有可持续性，因而难以存在下去，必然很快被淘汰、淹没。例如，营造了一个乡村景观，建成之后不管理、不维修，必然难以长久存在下去。

（六）乡土文化表达原则

尊重并坚守乡土文化真实性是乡土文化表达的准则之一。在将地域乡土文化引入乡村及其景观的规划设计时，必须遵循地域文化表达的准确性。规划设计师可能来自外地，对乡土地域文化了解不够深入，因而他们在进行规划设计时，必须首先对当地乡土文化进行深入调查研究，在准确把握乡土文化内涵、地域范围、表现形态的基础上严谨小心地表达乡土文化。地域文化元素在规划设计时应当适当合理运用，对于一些非本地乡土文化元素尽量不用或少用。而在运用地域乡土文化元素时必须反复论证，在对地域文化尊重的基础上有机融入地域文化元素。尊重地域文化的真实性、准确把握其内涵是专业规划设计师在引入地域文化元素必须始终遵守的重要原则。

时时顺应、把握乡土文化时代性也是乡土文化表达的重要原则之一。任何事物包括文化、乡土文化都不是一成不变，而是具有鲜明的时代特征。乡土文化的形成过程是一个历史的过程，其形成并不是一朝一夕完成的，而是经过时间与时代的洗礼发展而成，因而时代性是乡土文化的特性之一。在不同的朝代、不同的年代、不同的历史时期，乡土文化都有时代烙印，静止的、完全封闭、完全没有时代痕迹的文化形态是不存在的。无可否认，乡土文化的变化相对而言变化缓慢，特别是在漫长的封建农耕社会，一种行为习惯、一种思想观念、一种文化形态一旦形成，在较长时间内难有变化，时代特征并不明显，要经过几十年甚至上百年的时间周期才能让人感受到文化的变化。例如，云南省、贵州省山区的苗族、布依族、彝族等少数民族文化，由于语言不同、与外围的交流不畅通等原因，这些少数民族的文化变化极为缓慢，时代特征相对而言不鲜明。然而西方工业革命之后，伴随科技、文化、经济、交通等的快速发展，社会发展极快，文化遭受的外来影响越来越大，也越来越频繁，特别是进入21世纪后，随着信息革命的迅猛发展，文化包括偏远地区乡土文化无时无刻不受到外来信息的影响，文化的时代性变得越来越明显。因此，在进行乡土景观的规划设计时必须立足于当下，做到与时俱进。乡土景观的规划设计在注重文化元素真实性表达的同时，还应该注重现代元素的引入，实现地域文化元素与现代元素的有机结合。

随着时代变迁，人们的审美观也在潜移默化地发生变化，同时各种新材料、新技术、新理念也快速涌现，因此，乡土文化元素在景观、乡村旅游景点、园区规划设计中的融入还应该结合时代性审美要求，实现乡土文化在规划设计中的完美表达。同时将现代设计手法（如3D技术、AI智能、现代仿真技术等）、新材料（如新颜料、钢架结构、强力钢索、灯光技术等）等潜移默化地融入乡村景观及文化设施之中。一次提升乡村景观的现代性、时代性、审美性，以新的方式被现代人的思维、眼光所接纳。否则如果一味抱残守缺、故步自封，必然与外部世界格格不入，最终将自己淹没在时代洪流之中。

保持乡土文化空间连续性是乡土文化表达的重要原则之一。在保证空间感合理呈现的前提下，在对乡村景观或规划区进行规划设计时，必须注重各个分区空间的连续性以及整体美。这要求在设计时必须统筹规划，以整体性视角将独立的不同部分有机结合起来，同时注重各个分区的美观、特色及协调性。乡土文化表达在实践中更多体现在与基础设施相关的设计中，例如，水体、交通、道路等，乡土景观及园区在规划设计时必须严格遵循空间连续性的原则，否则各个部分无法无缝衔接，零零落落，整体美感荡然无存。

（七）乡土人文景观的利用原则

保持乡土人文景观的自然属性、延续其生态性是重要的利用原则之一。乡土人文景观是一个集自然、历史、文化、社会于一体的综合体，并非独立存在于自然环境中，它的材料来源于自然界，自然界是其外围环境的主体。乡土景观从某种意义上形成于自然并适用于自然，离开自然界的景观是不存在的，因而自然属性是景观的重要属性之一。为发挥乡土人文景观应有的作用，在利用乡土景观进行文化活动、经济活动及其他活动时，应在认识其与周围自然环境关系并保证其自然性的基础上展开。地形地貌、动物、植物、水系、山体、树林、草地等元素是生态系统的组成部分，也是乡土景观的重要组成部分之一，虽然这些元素并不是景观的唯一元素，但是经过这些元素的相互依存、相互作用巩固自然生态格局，因而在利用乡土景观时保证其生态性成为必要条件。如果不能保证其生态性，乡土景观不但不能被有效利用，其自身的生存也必然面临极大困境。

充分体现乡土景观的本土特色，传承乡土文化和历史信息是利用乡土景观的重要原则。乡土人文景观是体现本土文化特色、历史特色与自然特色的综合体，区域、历史、自然环境不同，形成的乡土景观也必然不同。从某种角度而言，具有本土特色是乡土景观的重要利用价值。例如，江南苏州的园林就具有极高的江南水乡特色，这成为其具有较大吸引力的重要原因。长江以北、黄河以北的人非常希望到苏州园林游玩，其中非常重要的一个原因就是喜欢其地域本土特色，这些特色是北方景观所不具备的，这成为吸引外地游客的重要卖点。本土特色对于乡土景观十分重要，因此，在利用乡土景观时必须以特色为根本，充分考虑并积极运用地形地貌、动物、土壤、植被、水文等地方性元素。在营造新的景观时尽量运用乡土材料（本地木材、本地泥土、本地砖瓦、本地植物等）和工艺（本地建筑技术、本地木工技术、本地油漆技术等）充分体现本土特色。离开乡土文化就找不到乡愁，人们对其人居环境就没有认同感、归属感、亲切感。乡土文化、历史痕迹是一个地区的风貌与特色，是一个地区的代表符号、精髓与象征，也是乡土景观中最富有生命力和内涵的元素，因此，在原有乡土文化与历史信息之上保留并传递村落历史文化信息，传承地方民俗文化是利用乡土景观的重要途径。

节约成本，合理开发也是利用乡土景观的重要原则。节约成本，花小钱办大事，防止铺张浪费，是社会经济行动的基本策略。在乡土景观的营造、运营、修缮与开发过程中从节约成本的角度应该尽量采用当地最容易获得的乡土材料和实现的工艺，充分利用本地乡土材料资源，运用简易实用的方法进行营造与开发。本地材料与工艺成本低、造价低，更贴近乡土的本质，容易实现节约成本的目的。

二、乡土人文景观自身的价值体系及各价值类型的影响因素

（一）乡土人文景观自身的价值体系

乡土人文景观拥有自身的价值体系。价值概念源自价值哲学的兴起。价值哲学是要以一种最一般的价值概念为基础和核心的哲学。在经济学领域价值泛指物品的价格。以一个中等值标准或交换标准所表示的价值，如成本、重置成本、市价等。在精神层面，凡有助于促进道德上的善，便是价值。如以真、善、美为追求的理想，且持此以为衡量的准绳，则视为价值。由此可知，价值是一个较为宽泛的概念，狭义上是指经济学上的价格，可以用明确的数字表示。广义上而言，凡是有正面作用的事物都有价值。

乡土人文景观作为乡村、乡村文化形态的重要组成部分，在许多方面具有正面作用。毋庸置疑具有多方面的价值，可以分为使用价值、经济价值、历史价值、文化价值、教育价值、认识价值和生态价值等多种价值。乡土人文景观不是一种简单的可以通过出售获得金钱而实现自身价值的商品，其最终价值的实现具有多样性。由于区域环境背景和发展状况不同、乡土人文景观的类型不同，景观价值目标的实现程度也必然不同。价值多少、实现途径与程度如何是由景观自身的优劣势、条件特征等决定的，但

最终的价值取向都是正向的。如果是负向的，景观的价值就是负的，通俗而言就是起到破坏作用的、应当拆除的景观。在一些非理性景观营造过程中会出现这样的现象。如新的景观严重妨碍、削弱了整体效果与价值等，那么它的存在就是负向的。例如，异于周围背景且较为均质非线性区域普遍存在的景观生态学中的斑块，在时间上和空间上存在差异，而这种差异性促成了不同的生态带并起到调节生态的作用，这种调节作用就是正向的，因而具有价值。乡土人文景观保护和营造目标的实现，需要通过其价值准则呈现出来，然而乡土人文景观的价值与价值取向并不能用计算商品的方式进行简单直观计算。乡土人文景观价值与价值取向本身具有一定的主观性和动态性，其价值取向随着社会政治制度、时代、人的认知水平的不断变化而变化。例如，一个明清时代的乡村祠堂在当时的价值取向与21世纪乡村祠堂的价值取向差别极大。从某种意义而言，对乡土人文景观的价值进行客观评价十分困难。客观而言乡土人文景观价值的实现受主体（包含村民、管理者、专业者等）作用和客体（自然要素、生产要素、生活要素）作用影响。

（二）乡土人文景观各种价值类型的影响因素

对于乡土人文景观各种价值类型的影响因素可以进行简单的罗列与说明，以作为其价值评价细则参考。影响与判断乡土人文景观生态价值的元素包括：地形地貌、水资源（包括河流、水塘、年度下雨量、地表水、地下水等）、湿地资源（湿地是重要的国土资源和自然资源，具有多种功能。它与人类的生存、繁衍、发展息息相关，是自然界最富生物多样性的生态景观和人类最重要的生存环境之一）、绿地资源（森林、草地）的完整性，植被（植被就是覆盖地表的植物群落的总称）、水田景观、旱田景观、种植景观等景观类型的多样性，土壤、水体、空气等环境资源的安全性。完整性越高价值越大，多样性越高价值越大，安全性越高价值也越大。反之亦然。水资源、植被、空气质量等元素可以用客观的数据进行测量与计算，也就是说影响与判断乡土人文景观生态价值的元素具有较强的客观性，相对而言容易判断与计算，但某些方面（如水田景观等）则以主观判断为主，客观判断为辅。

影响与判断乡土人文景观实用价值的元素包括：公园广场、道路街巷等开放空间的设置，商贸、文化、教育、医疗等服务的配置，市政设施的设置，公共交通的设置以及可达性，环境质量的评价等。

影响与判断乡土人文景观经济价值的元素包括：农业资源的高效利用程度、文化活动等资源的多样性，传统手工艺、旅游资源的可开发价值等。农业资源利用程度高则价值好、资源的多样性高则价值高，旅游资源是体现人文景观价值的一项重要指标。乡土人文景观的经济价值可以从游客多少及门票收入的多少来衡量。例如，位于云南省元阳县哀牢山南部的元阳梯田是哈尼族人世世代代留下的杰作，是红河哈尼梯田的核心区。元阳以其壮观的梯田，绚丽的民族和民族文化以及多彩的民族节日著称。越来越多的游客慕名而来，寻找那美丽而神秘的元阳梯田。2018 年国庆节期间，元阳县接待游客 4.75 万人次，较上年同期增长 20.50%；实现旅游收入 5493.39 万元，较上年同期增长 20.48%。

影响与判断乡土人文景观历史文化价值的元素包括：乡土建筑、空间肌理、景观格局、历史古迹等物质文化景观的传承，地方民俗、传统技艺、历史名人等非物质文化景观的传承。对于这些元素的判断以主观判断为主，以客观数据判断为辅。历史越悠久、文化越丰富价值越高。例如，历史名人对于乡土人文景观的影响有时候起着决定作用，韶山滴水洞位于毛泽东纪念馆以西约四公里处的峡谷中。洞中碧峰翠岭，茂林修竹，山花野草，舞蝶鸣禽，自然景观清雅绝伦。《毛氏族谱》赞之曰："一钩流水一拳山，虎踞龙盘在此间；灵秀聚钟人莫识，石桥如锁几重关。"滴水洞建筑始建于 1960 年，之所以成为一个著名景观景点除了自身风景优美之外，最主要的原因是名人效应。每天游客络绎不绝，由此可见名人效应对于乡土人文景观的重要价值。

（三）各主体对乡土人文景观价值的影响

村民、外来者、专业人士、管理者等作为乡土人文景观的主体对景观价值的形成与大小而言都具有重要的作用与影响。

因果定律中其中一个论断是任何事情的发生都有其必然的原因。乡土人文景观所在村庄的村民对景观价值的影响最为直观，因为他们不但是乡土人文景观的建设者与维护者，而且他们自身生产生活的各种需求是他们利用和改造乡土人文景观的主要动力，他们对文化景观的陈诉和请求也最直接。村民由于长期在乡村地域内生活，对景观有自己独到的了解与认识，因而他们的意识与价值观念能够促进或减缓乡土人文景观各要素的发展。村民普遍而言文化水平较低、专业知识匮乏，他们的意识和观念主要是主观感受，因而他们的建议与诉求也大多是主观性的。村民的主观感受与诉求来自生活，他们建立在真实体验之上的建议通常使景观形态与生产生活密切对应，有助于促进不同地域环境中景观特色差异性以及景观多样性的提升。差异性与多样性的提升对于乡土景观价值的提升作用巨大。

外来者的观感对于乡土人文景观的价值而言同样重要。外来者的影响一方面体现在其价值观念对村民的同化或综合作用，另一方面外来者的建议对于乡土人文景观的发展也十分重要。他们能够用“他者”的眼光审视乡土人文景观在规划、营造及维护方面的优点与缺点，避免村民视角的盲点。著者认为乡土人文景观的发展是否顺利或者乡土人文景观是否具有持续的生命力，很大程度上取决于景观是否契合地方文化，在现代社会发展背景下能否满足村民物质与精神层面的需求，以及能否延续村民在营造物质与非物质人文景观中的主导地位。

专业人士对乡土人文景观的影响也十分重要。乡土人文景观专业人士是指在营造、维护景观过程中从事景观规划、景观设计、景观营造、景观维护及景观园林等的工作人员。专业人士在进行景观营造决策（如选址、规模大小、总体规划）时，以及在具体的设计与营造过程中，能够依据自身的专业素养、视角和技术手段，根据乡土人文景观的总体需要引导村民的价值取向和行为方式。由于决策者或提供资金者许多情况下只是对建造乡土人文景观有一定的规划与意向，至于如何建造景观、建造何种风格的景观、突出何种乡土元素进行营造以及对于景观所在村落的自然与人文环境等许多具体事项、软环境并没有精确掌握。与此同时，村民对于乡土人文景观在生产与生活方面有许多具体的要求与期待，由于决策者与村民之间在景观营造方面的立足点、视角、目标及文化素养方面存在较大差异，因此二者之间对于乡土人文景观营造的许多方面都存在较大差异，因而存在较大矛盾，有时这些矛盾难以调和。在此背景下，专业人士在决策者与村民之间起到中介作用，许多问题需要专业人士的参与、解释与调节才能解决，因而专业人士的作用及价值就体现出来，在某些关键节点，专业人士成为关键因素，他们的价值由此凸显出来。

管理者对乡土人文景观的影响也不容忽视。乡土人文景观的管理者可以从几个层面进行分类。从垂直方面而言，乡土人文景观所在村庄的村委会以及直接管辖该村庄的乡镇政府、县政府、市政府、省政府及中央政府等都是管理者。而与乡土人文景观业务相关的政府职能部门，如环保局、文化旅游局、文物局、规划局、自然资源局、交通局、水务局、供电局等都是管理者。由于所处位置、职权不同，不同层次的管理者对景观价值的影响尺度各有不同。这些管理者对景观价值的影响涉及资金的投入、基础设施的建设、相关政策法规、技术规范的制定、技术手段的决策等。作为景观综合价值有序性发展的领头人，各个层面的管理者的出发点不同、视野不同、责任不同，他们必须抛开主观行政意识的藩篱，以高度的责任心与高超技巧通过把握景观发展和保护的平衡，实现景观价值目标的最大化。

第六章

乡土景观元素

第一节　自然性乡土景观元素

乡土景观虽然由各种元素构成，但它是作为一个整体而存在的。各地的乡土景观形式多样，每一种景观都由不同的元素构成，因而总体而言乡土景观的元素种类繁多，几乎无法真正统计与计算。但根据乡土景观的整体形态与主要构成形式，可以将这些构成元素按照各种标准进行分类。例如可以分为自然性乡土景观元素、生产性乡土景观元素、生活性乡土景观元素等。景观元素是景观最基本的组成部分，对于这些元素的性质、特征、形态的掌握，有助于景观的规划、营造及维护。灵活巧妙地运用某种元素的特色可以极大提升景观的整体形象，因而对于景观元素的研究十分必要。

自然性乡土景观元素是指分布于乡村这一特定区域内，能够原生态地直接用来营造景观的乡土自然性原始材料。气、土、水、植物和动物等自然性材料不但是构成乡土景观的重要元素，而且也是人工乡土景观的重要组成部分，从某种意义而言它们是所有景观都不可或缺的材料，是景观的基础性元素。研究它们的形态、特性及在景观中的应用，是景观相关研究的重要组成部分。

一、水

水是生命赖以生存的基本条件，更是人类生活、社会经济生产活动不可缺少与不可替代的重要资源。地球上水的总量大体不变，以气态、液体或固态形式存在于地球的表面、地球土壤岩层以及地球大气层中。以一定方式存在于某一环境中，具有一定特征和变化规律的水，称之为水体①。例如，江河、湖泊、沼泽、海洋，以及大气中的水汽和地下水等都是水体。水又是一种极好的载体与溶剂，可以将许多物质携带或溶解其中。水文循环是地球上一个重要的自然过程，它通过降水、蒸散发、地面径流、地下径流、下渗环节，将大气圈、水圈、生物圈、岩石圈联系起来，并在它们之间进行着水量和能量转换。气象因素（如温度、湿度、风速、风向等）、自然地理条件（如地形、地质、土壤、植被等）、人类活动和地理位置等都是影响水循环的因素。四个因素中气象因素占主导作用。降水类型按气流上升冷却的原因可以分为：气旋雨（包括温带气旋雨和热带气旋雨）、对流雨、地形雨和锋面雨（包括冷锋、暖锋、静止锋、锢囚锋）。

《管子·水地》曰："地者，万物之本原，诸生之根菀也。"水，具材也。何以知其然也？曰："夫水淖弱以清，而好洒人之恶，仁也。"管子认为水是万物之本。古希腊的泰勒斯（Thales）认为万物生于水，又复归于水。中国古代五行学说认为，金木水火土是生成万物的五种基本元素。从哲学角度而言，时间上水代表"消逝与永恒"，空间上水代表"生命与自然的活力与源泉"。水是生命之源，是农耕时代社会的命脉，维系着千千万万人的生命。它不但是人类离不开的基本生存条件之一，而且是乡土景观中最具活力的元素。自然界中存在着江、河、湖、海、溪、泉等形式多样的水流形式，不同的水的形式产生了不同的景观效果，或是汹涌澎湃，

---

① 陈伯超．景观设计学［M］．武汉：华中科技大学出版社，2010：273.

或是涓涓细流。动态之水体如瀑布让人感受其磅礴，涓涓细流的溪涧让人感受其柔美。静态之水体如自然界中的湖泊、池塘等形式以及环绕它们的曲折的围岸，给人带来宁静感与曲线美。

水有液态、气态与固态三种形态。水体的特征及感官效应有以下五个方面。（1）水之洁净。水具有清洁纯净的特质，成为清洁明净的象征。屈原《楚辞渔夫》："沧浪之水清兮，可以濯吾缨；沧浪之水浊兮，可以濯吾足。"表达出一种高洁的精神境界。（2）水之变幻。常态的水体本身没有固定的形状，水具有高度的可塑性，因而水具有高度的可变性与变幻性。其形态可以根据容器形状、地形地貌、温度等的变化而变化。（3）水之虚涵。水透明而虚涵，能展现"天光云影共徘徊"的美景，即可以在水面上再现出如土地、植物、建筑、天空、人物等景象，展现出如真似幻、令人难以想象的景象。（4）水之流动。郭熙在《林泉高致》云："水活物也，其形欲深静，欲柔滑，欲汪洋，欲回环，欲肥腻，欲喷薄，欲激射，欲多泉，欲远流，欲瀑布插天，欲溅扑入地，欲渔钓怡怡，欲草木欣欣，欲挟烟云而秀媚，欲照溪谷而光辉。此水之活体也。"郭熙生动形象地概括了水之"活"与"动"的特征。伴随着水的活泼灵动，水的另一个特征是声音。潺潺、哗哗、汩汩、淙淙、悠悠等是形容水之声音的词语。（5）水之文章。文，错画也。错当作逪，逪画者，逪之画也。《考工记》曰："青与赤谓之文，逪画之一端也。"章是指花纹，文采。中国美学史上"文"与"章"是指线条或色彩交织形成的有规律的形式美。如"风乍起，吹皱一池春水"。水面的文章之美可以构成景观和景观主题。北京北海"漪澜堂"把水的文澜绣漪之美作为题名。水体的这五种特性及感官效果在景观设计与营造中可以单独或交互运用，使景观有水体灵动之美、沉静之美、斑斓之美。

"滞""落""喷""流"是景观中自然液态水的四种运动形式。由此可以将水体分为四种形式。一是平静的水。如湖海、池沼、潭、井中的水。水体因地形的不同而有各自轮廓。静水的景观设计要求静水形态与整体环境设计相统一；面积与景观的面积保持合适的比例；装修材料与周边景观的环境材料相协调；水体深度与水面的大小成一定比例。二是跌落的水。如瀑布、壁泉、水帘、溢流与管流。传统景观中的瀑布多由建筑屋檐水引至假山上，然后跌落成瀑布，如苏州狮子林的瀑布就如此设计营造。设计前要勘探现场地形，以决定落水的大小、比例及形式。选择具有表现力的石材。三是喷涌的水。如喷泉、泉源等。喷泉现在成为乡土景观和城市景观都常用的水体。现代喷泉配之于音乐与灯光更具魅力。喷泉的形式有单孔式、发散式、涌水式三种。四是流动的水。如河流、溪涧、濠濮等。景观中的河流常常借助自然水系而形成动感天然的旖旎风景。流水景观的设计最常用的方法是在地形的落差位置方面进行规划设计，既可以采用自然导流的方式，也可以采用台阶跌落的方式。流水的形式可分为直线式和曲线自然式。直线式适宜结合室外台阶进行创意设计。曲折式适宜与曲折的人行道等结合进行创意设计。流水的位置一般是假山下或假山之中，广场之中或林荫之中，行道之旁或街道之间。

水体在景观中的作用主要有三种。一是基底作用。大面积的水面视域开阔、坦荡，有托举岸畔和水中景观的基底作用。例如，济南大明湖的水体对于湖中的亭榭等具有基底作用。二是系带作用。水体作为一种联系物起到串接的作用。水面具有将不同的空间与景点连接起来产生整体感的作用，将水作为一种关联因素，具有将散落的景点统一起来的作用。例如，一个较大的景观，其中的各个部分可以用溪流的水体将它们串联为一个整体。三是焦点作用。将水景安排在轴线的焦点上、向心空间的焦点上、视线容易集中的地方、空间的醒目处，水景具有了突出为焦点的功能。在许多景物中水景都是核心部分。例如，杭州的西湖，水体就是景观的核心与焦点部分。

现代水景为了取得某种效果往往采用各种装饰。最常用的水景装饰是照明。其作用包括展示水下景观以及水中生物的勃勃生机；增加水景的神秘感、水的波动以及艺术美感，强调造型的力度与结构；利用反射效果，形成非凡的光影装饰效果；形成镜像对称的效果；通过水景照明使水体清澈透明，增添无穷乐趣。水景还可以有装饰物，包括水景植物（挺水型水景植物、浮叶型水景植物、漂浮性水景植物、沉水型水景植物、水缘植物、喜湿性植物）、水景观赏鱼（如金鱼、锦鲤鱼等）。在水景的设计中需要注意大面积浅水池、小孔径喷头、自动阀门、水的泼溅、硬水水源、破坏行为及杂物、冰雪影响等事项。

水体的稳定性对于乡土景观而言非常重要。水体一般具有自净功能，虽然乡村的生产生活垃圾及动植物污染物对乡土水质不会产生大的影响，水可以通过自身循环和净化功能稳定水质，但为了水景效果的最佳化，在现代景观设计与营造中应当尽量避免外来污染物对景观水体的侵蚀，否则不但影响景观美感效果，而且增加维护成本。乡土水体具有连续的信息流、物种流、生态流和能量流。乡土水体的理想状态是保持连续的景观形态，各景观间过渡自然并形成连续的空间序列。人们在长期的生产生活过程中积淀了很多与水有关的生产技术及历史文化，形成了独具特色的乡土水体文化，进而形成了具有地域特色的乡土自然与文化景观。

二、气候季节

气候季节是乡土景观的重要元素。在景观形成和发展变化过程中气候季节发挥着重要作用。气候通过对人类的经济生产活动、社会生活活动的影响改变乡土文化景观的形态、结构与基本格局。气候是指一个地区大气的多年平均状况，主要的气候要素包括光照、气温和降水等，其中降水是气候重要的一个要素。中国的气候类型有热带季风气候、亚热带季风气候、温带季风气候、温带大陆性气候、高山高原气候。气候是大气物理特征的长期平均状态，与天气不同，它具有一定的稳定性。乡土景观由于直接暴露在自然环境中，因此，不同气候条件对乡土景观的影响甚大，从而形成风格迥异的乡土区域景观类型。例如，在中国北方，特别是长城以北地区，由于天气寒冷，民居建筑或乡土景观外观雄浑稳重，内部结构厚重，材料多为石头或泥土为主，总体布局多为四合院的形势以抵御寒冷恶劣气候。南方气候温暖潮湿，建筑外观轻巧秀丽。东南沿海地区由于台风多，房屋内有许多木质结构，内部结构轻盈，布局较为灵活多变。另外，不同气候条件下人们渐渐形成与当地气候特征相适应的风俗习惯、脾气性格及审美标准，这些都反映在乡土景观的设计营造中。

　　清代汤贻汾《画筌析览·论时景》："云里帝城，山龙蟠而虎踞；雨中春树，屋鳞次而鸿冥。爱落景之开红，值山岚之送晚。秋阴春霭，气候难以相干。春、夏、秋、冬、早、暮、昼、夜，时之不同者也。风、雨、雪、月、烟、雾、云、霞，景之不同者也。景则由时而现，时则因景可知。盖一物之有无莫定，由四方之气候不齐。如塞北多霜，岭南无雪，是景以地论，不以时分。画虽小道，亦欲兼达天气天时而后可以为之也。"一年四季除了显现为气候冷热的变化外，也显现为山水花木的种种具体形象的先后交替地发生变化，可以称之为季相美。在景观营造过程中可以通过植物、山石、水体等要素体现四季相态的变化与美丽。一是通过植物营造四季相态的变化。如通过选择不同季节特征的植物来变现景观的四季景象。二是利用山石营造四季相态的变化。如借助石料的造型营造假山的殊相特征。三是利用水体营造四季相态的变化。如通过控制景观水体四季的水位来展示季相的变化。四是通过题名营造四季相态的变化。如杭州西湖十景中的"苏堤春晓""平湖秋月""断桥残雪"等。同时，景观可以通过一日之内不同时辰来体现时景美。如晨旭、夕阳、月夜、阴雨时刻、雾雪时刻等，雪景中以西湖最有名，有"晴湖不如雨湖，雨湖不如月湖，月湖不如雪湖"之说。

三、地形

地形是指地表以上分布的固定物体所共同呈现出的高低起伏的各种状态，是地物形状和地貌的总称。地形按形态分为平原、高原、丘陵、盆地、山地五种①。另外还包括受外力作用而形成的河流、三角洲、瀑布、湖泊、沙漠等。地形是内力和外力共同作用的结果，它时刻在变化。地形在中国古籍中多有记载。《战国策·秦策二》："甘茂贤人，非恒士也。其居秦，累世重矣，自肴塞、溪谷，地形险易，尽知之。"唐代诗人白居易《早春即事》诗："物变随天气，春生逐地形。"景观中的地形是指测量学中地形的一部分——地貌峰、峦、谷、溪、湖、潭、瀑等山水地形外貌是景观的基础与骨架。

地形在景观设计营造中起到骨架作用。建筑、植物、落水等许多景观元素都以地形为依托；地形的挡与引，地形可以用来阻挡人的视线、噪音、闯入行为、狂风暴雨等。利用地形分割空间，不仅能合理地分割空间而且能获得空间大小对比的艺术效果。地形的背景作用与地形造景，地形有许多功能，但其造景功能也十分重要。地形也具有美学功能。美学功能是指地形不仅可以被组合成各种不同的形状，而且可以利用阳光与气候创造不同的视觉效应。地形的主要形态特征包括：（1）平坦地形。地形起伏坡度较缓，地形变化不足以引起视觉上的刺激效果。平坦地形是所有地形中最简明、最稳定的地形，具有静态、稳定、中性的特征，给人一种舒适和踏实的感觉。（2）凸地形。与平坦地形相比，凸地形是一种具有动态感与行进感的地形。表面形式有土丘、丘陵、山峦及小山峰。凸状地形视线开阔，具有360度全方位景观。（3）山脊。山脊的独特之处在于它的导向性和动势。视觉上具有吸引视线并沿其长度引导视线的能力。（4）凹地

---

①　赵良. 景观设计［M］. 武汉：华中科技大学出版社，2009：43.

形。包括低地、洞穴、凹地等。凹地形在景观中被称之为碗状洼地，是景观中的基础空间。（5）谷地。谷地具有虚空间的特征，也具有方向性，与凹地形相似，是一个低地。对于地形的利用可以通过利用地形控制视线、利用地形排水、利用地形创造小气候条件等来实现。在地形景观设计中，首先要考虑对原地形进行改造利用，这样可以节省成本，而且通过因地制宜，可以达到最佳效果。

四、植物

植物是生命的主要形态之一，是景观包括乡土景观及城市景观的重要元素，包含如树木、藤类、青草、蕨类及绿藻、地衣等熟悉的生物。植物共有六大器官：根、茎、叶、花、果实、种子。亚里士多德将生物区分成植物和动物两种。在林奈系统里，则被分为了植物界和动物界两界。现在学术界将植物分为种子植物、藻类植物、苔藓植物、蕨类植物等，世界上据估计现存大约有45万个植物物种。人类从远祖进化到现在，植物一直伴随着人类的生活，植物对于人的心理具有一种积极向上、慰藉的影响，因而著名设计师加雷特·埃克博（Garrett Eckbo）把植物看作是"一个日益失去自然本质的时间里，人们借以返璞归真的诗意的生命寄托物"①。

植物对生态而言最重要的作用是利用光合作用为其他生物提供生物能量，维护生物系统的平衡。植物的光合作用能力是它借助光能及动物体内所不具备的叶绿素，利用水、无机盐和二氧化碳进行光合作用，释放氧气，产生葡萄糖——含有丰富能量的物质，供植物体利用，也为其他生物如食草动物提供生物能量。除此之外植物还具有生态环保功能、空间构筑功能及美学功能等。

植物的生态保护功能包括：（1）净化空气功能。植物吸收二氧化碳，

---

① 徐清.景观设计学（第2版）［M］.上海：同济大学出版社，2014：114.

释放氧气，保持空气中的碳氧平衡，这是其最重要的生态功能。（2）杀菌功能。（3）通风防风功能。通过构筑林带实现通风或防风功能，例如，中国的三北防护林。（4）水土保护功能。植物通过减小地表径流、降低雨水地表冲刷、降低水蒸发速度等起到保护水土的功能。（5）减弱噪声功能。植物能阻止声波穿过，从而削弱噪声危害。

植物的生态保护功能在景观营造中的作用并不明显，但其空间构筑功能与美学观赏功能对于景观营造及效果的达成具有重要作用。在景观的空间构筑方面，可以通过利用低矮灌木与地被植物、高大乔木等构筑景观中的开发空间、半开放空间、开阔的水平空间、封闭的水平空间、垂直空间，以达到景观设计者的景观目标。例如，可以利用成片的高大乔木的树冠形成一片顶面，与地面形成四面相对开阔的水平空间。在景观设计中，特别是大型综合性的景观营造，会利用植物的空间拓展功能，采用"欲扬先抑"的手法营造景观使其产生"柳暗花明"的效果。利用植物创造一系列明暗、开合的对比空间，利用人的视觉错觉，使开阔的空间看起来比实际空间大。

植物的美学观赏功能体现在多个方面。可以利用植物美化环境，可以利用植物的枝叶为景框创造景观，再者植物本身也可以是景观的一部分甚至是景观的全部。许多形状奇特、色彩丰富的植物本身就是一道美丽风景。景观营造中可以利用植物强调标准性景物、柔化景观边界、统一景观元素以及遮挡与引导视线。充分利用植物的各种形态特征实现景观效果的最美化。乔木、灌木、藤本植物、地被植物、水生植物等各有自己的形态与独特功能，在景观营造中可以利用它们独特的形态、美学特征、季节特征等单独或混合使用，以达到设计者独特的设计效果。

例如，竹子在中国古代及现代景观中就是较为常用的植物元素。竹子，又名竹，分布在热带、亚热带地区，东亚、东南亚和印度洋及太平洋岛屿上分布最集中。竹子是多年生禾本科竹亚科植物，茎为木质，是禾本科的一个分支。竹子种类很多，有的低矮似草，有的高大如树，生长迅速。最矮小的竹种，其杆高 10—15 厘米；最大的竹种，其杆高达 40 米以上。竹子品种繁多，有箭竹、水竹、金镶碧嵌竹、圣音竹、撑绿竹、龟甲竹、硬头簧、青皮竹、斑竹、墨竹、十二时竹、刺竹、文竹、泰竹、茶秆竹等。看到竹子，人们自然就会想到它不畏逆境、不惧艰辛、中通外直、宁折不屈的品格，正是竹子的这种特殊的审美价值，古代诗人咏竹的诗歌比较多，如清代郑板桥《题墨竹图》："细细的叶，疏疏的节；雪压不倒，风吹不折。"

由于受自然环境因素的影响，如温度、湿度、土壤等因素，植物种类的分布呈现出一定的地域特征，由此出现了乡土植物的概念。学术界将乡土植物定义为经过长期自然选择及物种演变后，对某一特定地区具有高度生态适应性或自然生长的植物。

植物景观主要指由自然界的植物个体、植物群落与植被所构成的能够通过人们感官感知而产生美的感受和联想的植物综合体。植物与山石、水体、建筑是园林景观的四大要素，其中植物是唯一具有生命的要素。植物依靠其自身的色、香、姿、韵点缀园林空间，美化人居环境。植物景观可以单独作为一个景观整体，也可以只是景观的一个有机组成部分。植物景观依据植物的形态与特性通过精心配置形成绚丽缤纷、生机勃勃、功能各异的场所与空间，实现美化环境、为欣赏者创造美丽自然环境的功效。

乡土植物景观则是以乡土植物为主要元素的景观，主要存在于乡村地域或特定范围之内。在中国古代的园林中有许多乡土植物，但由于园林的景观并不是以突出乡土植物为目的，因而还不能称之为乡土植物景观，只能说乡土植物元素是园林的重要组成部分。乡土植物景观作为一个专业术语最初来自西方。麦克哈格（Ian McHarg）的《设计结合自然》（*Design with Nature*）是对一个世纪以来工业城市扩张产生的诸多问题的回应，该书理性地分析了人与自然的关系，堪称是 20 世纪的伟大宣言。① 国内关于乡土植物景观的研究最早是在 20 世纪 60 年代，但真正形成一种关于乡土植物景观研究的热潮是在《设计结合自然》中关于景观生态学的理论引入国内之后，最初的乡土植物研究只倾向于生态和景观应用。随着研究的深入与拓展，根据关于乡土植物营造地方特色园林景观的研究成果，越来越多人开始探讨如何进行自然群落结构与外貌设计，同时对地方本土化价值基础和环境基础进行相关研究。同时对植物的观赏特性从色彩美、芳香美、姿态美、风韵美等方面进行了论述，提出了一些植物景观设计的原则和思路。

植物通过自身的色彩、形态、气味等装点空间，是乡土景观或传统村落的自然生命资源。村落植物景观由于使用具有乡土特色的植物及其材料，它与城市植物景观之间存在较大差异性。城市植物景观可以选用任何植物，而村落植物景观的构成元素必须具有本土地域特色。在乡土植物景观的营造手法、区域布局等方面在很大程度上需要村民参与，地域不同、时代不同、村民需求的偏好造就植物景观多方面的差异，从而形成村落植物景观的独特性，具有地域特色，村民参与传统村落植物景观的营造与维护，这些景观客观上体现了当地乡村的历史地理、民俗文化、精神文明的底蕴与内涵。

乡土植物景观在历史传统中具有丰富的文化内涵，一些具有祥瑞吉兆寓意的植物成为乡土植物景观的重要元素。例如，香樟、石榴、桃、香椿、罗汉松、杜鹃、菊花、莲花等植物除了自身具有景观和经济价值外，也具有丰富的文化内涵，因而这些植物成为乡土景观植物较为常用的植物。枫香发音近似"封"，古人常栽植于村落狭窄的水口处，希望能够封住财运旺气不外泄；银杏因生长速度缓慢、生命周期长，象征长寿；牡丹

---

① 刘邑君，高伟. 麦克哈格的整体性规划思想研究——以伍德兰兹社区生态规划项目为例［J］. 广东园林，2020（5）：81-86.

象征富贵;"柑橘"与"吉"读音相似,柑橘与柏树一同栽植于园中,寓意"百事大吉"。

五、土(土壤)

土壤是地球表面的一层疏松的物质,土壤是由岩石风化而成的矿物质、动植物、微生物残体腐解产生的有机质、土壤生物、水分、空气、氧化的腐殖质等组成。土壤是一种独立的自然体,它是在各种成土因素非常复杂的相互作用下形成的。土在汉语中的一个基本含义是指泥土、土地。《淮南子·说林训》:"土壤布在田,能者以为富。"《后汉书·公孙述传》:"蜀地沃野千里,土壤膏腴。"李贤注:无块曰壤。柳宗元《小石城山记》:"环之可上,望甚远,无土壤而生嘉树美箭。"

土(土壤)是景观(乡土景观与城市景观)构成的最重要元素之一,是自然乡土景观的构成基础。不同的土壤类型产生不同的地理形态及适宜当地动植物生存的自然环境,从而出现不同的乡土景观。土壤有许多类型,包括砖红壤、赤红壤等。不同的土壤类型有不同的地理分布,土壤是所有陆地生态系统的基底或基础。土壤中的生物活动不仅影响着土壤本身,而且也影响着土壤上面的生物群落。土壤在某种程度上决定了土地利用的类型和方式,土壤的不同导致植被类型和生长状态的差异,从而直接影响乡土景观的外貌、格局及功能。

六、动物

动物是自然界中生物的一大类,多细胞真核生命体中的一大类群,称之为动物界,与植物相对。动物多以有机物为食料,有神经,有感觉,能运动。《周礼·地官·大司徒》:"辨五地之物生:'一曰山林,其动物宜毛物,其植物宜早物。'"明代叶子奇《草木子·观物》:"动物本诸天,所以头顺天而呼吸以气;植物本诸地,所以根顺地而升降以津。"动物是乡土景观的重要元素之一，它与植物在乡土景观中具有同等重要的地位。动物元素给乡土景观塑造带来鲜活的生命感，没有它们的存在，乡土景观就失去生机勃勃的活力，变得死气沉沉。

乡土动物具有鲜明的地域特色。不同的自然条件就会出现不同的动物种群，动物的存在跟当地的气候、水文等自然因素有很大关系。因为区域的差异，即使是相同的物种，体态上的表现也会不同，从而形成独特的乡土动物景观。例如，峨眉山猴种名藏酋猴，色泽棕青，短尾，个大，又称四川短尾猴、大青猴，因长期生活在佛教名山，故妙号"猴居士"。自峨眉山旅游业兴旺以来，游人以喂猴、戏猴为乐趣，营造了峨眉山猴见人不惊、与人相亲、与人同乐的友好氛围，成为峨眉山的一道活景观。动物具有丰富景观和稳定生态的作用。动物能够帮助部分植物传粉、传播种子从而完成繁殖过程，维持生态系统平衡。动物的存在为静态的景观增添了活力，从景观角度来说它是灵动的景观元素。池塘中的青蛙、田野中的兔子、花丛中的蝴蝶等，这些动物的存在让人感受到乡土气息中自然的活力与生命的灵动。缺少动物乡土自然景观不但不完整，而且景观质量会下降。丰富的动物资源不但有利于创造和谐共生的乡土景观，而且有利于乡土景观的延续。

第二节　生产性乡土景观元素

不同地区的人们在漫长在生产实践中，运用特有的方式进行劳动以满足生产生活之需要，逐渐地产生了独特的生产性乡土景观。生产性乡土景观包括传统的农业生产活动和地区产业活动中形成的地域景观。人类在原始社会，由于生产力水平低下，只能依靠狩猎与采集获得食物。随着狩猎的发展，原始的畜牧业逐渐发展起来。由采集逐步过渡到原始的农业。原始农业是刀耕火种，使用的工具是石斧、石耒和石锄等。中国是一个农耕社会，农耕器具发展的较早。早在公元前 3200 年中国人就发明了耒耜，以后又发明了锄、杵臼、镰等工具。随着农业生产的发展，人类在长期劳动中积累了越来越丰富的经验，在此基础上制造出各种木石工具。其中木犁的发明与使用使农业从锄耕过渡到犁耕时代，由人力耕地过渡到牛耕时代。春秋时代，中国基本上拥有耕地、播种、收获、灌溉和加工等一系列铁木工具。秦汉以后农具经过不断改进，日臻完善。西汉时期人们发明了辘轳，可以汲取较深的水，汉代毕岚制造了翻车，提水的工具进一步发展，出现了各种水转筒车。公元 1000 年左右人类发明了风车，用风车提水较早的国家有中国与荷兰。

农耕器具是农耕社会不可或缺的工具，它们不但有收藏价值、应用价值，还有观赏价值、历史研究价值，同时它们也是乡土景观的重要元素。农业器具可以分为砍伐农具、播种农具、翻地农具、碎石与中耕农具、收割农具、粮食加工农具、储藏器具和设施、提水工具、纺织工具、渔猎工具、农田水利设施等。

一、砍伐农具

原始农业时期耕作对象是原始山林，需要将浓密的林木砍倒再焚烧，然后耕作。因而砍伐是播种作物的先决条件与必要准备。砍伐工具主要包括石斧与石锛。石斧是远古时代用于砍伐等多种用途的石质工具[①]。斧体较厚重，一般呈梯形或近似长方形，两面刃，磨制而成。多斜刃或斜弧刃，亦有正弧刃或平刃。石斧分为无孔石斧与有孔石斧两大类。石斧在原始农业时代成为砍伐林木、开辟与清理耕地的主要工具。石锛是磨制石器的一种。长方形，单面刃，有的石锛上端有"段"（即磨去一块），称"有段石锛"。石锛装上木柄可砍伐、刨土，是新石器时代和青铜器时代主

---

① 曹幸穗，张苏. 大众农学史［M］. 济南：山东科学技术出版社，2015：13.

要的生产工具。

石　锛

二、播种农具

最原始的播种工具是尖的木棒。当代民族学家根据资料考证，云南独龙族在近代仍然使用长一米多的尖木棒进行点穴播种。大洋洲的一些原始居民近代也仍然采用木棒戳穴的点种耕作方式。

三、翻地农具

为了使土地松软，提高粮食产量，人类很早就开始使用农具进行翻土翻地作业。耒与耜是最早的翻地工具。耒是一种用较为老成坚韧的树枝制作而成的一种二分叉形的翻土工具，它形如木叉，上有曲柄，下面是犁头，用以松土，可看作犁的前身①。《说文》："耒，手耕曲木也。"《礼记·月令》："天子亲载耒耜。注：耒耜之上曲也。"《庄子·胠箧》："耒耨之所刺。注：耜柄也，犁也。"耜是中国古代曲柄起土的农器，即手犁。耜是原始翻土农具耒耜下端的主要铲土部件，装在犁上，形状像今的铁锹和铧，用以翻土。最早是木制的，后用金属制作。《六书故》："耜，耒下刺臿也。古以木为之，后世以金。"《易·系辞》："斲木为耜。"《庄子·

---

① 曹幸穗，张苏．大众农学史［M］．济南：山东科学技术出版社，2015：14.

天下》："禹亲自操耜。"铲也是农耕时代直插式整地工具。锄是横斫式翻土工具。犁是用动力牵引的耕地农具，也是农业生产中最重要的整地农具，它由耒耜演变而成。

四、碎土和中耕农具

碎土农具有三种：木制鹤嘴锄、马鹿锄、木榔头。考古发现的小石铲、骨铲等都是中耕锄草农具。

五、收割农具

早期农业的收割工具主要有刀和镰两种，质料有竹、木、陶、石、骨、蚌等，最常见的是石刀与蚌刀。人类史前时代已有石刀，石刀就是石头打磨制成的刀。在中国周口庙旧石器时期遗址中发现了许多长方形、椭圆形、菱形、三角形的石刀。所用的石料以石英荷和砂岩为主，也有少量的隧荷和水晶。还有用动物桡骨和其他动物腿骨打制成的骨刀，锋刃都很锐利。蚌刀同样属于早期人类生产工具，弧背，穿有圆孔，刃部斜直而锋利，长9厘米。伴随着石器时代，一直使用到青铜时代和铁器时代的早期。人类能够大量生产金属制成生产工具以后，蚌刀以及其他骨质、贝质、石制生产工具才退出历史舞台。镰是一种重要的收割工具，是一种安柄的刀，以木柄为主。

六、粮食加工农具

石磨盘、石磨棒是谷物加工工具，主要用于粟类谷物脱壳除皮之用。石磨是用于把米、麦、豆等粮食加工成粉、浆的一种机械。开始用人力或畜力，到了晋代，当时的人们发明了用水作动力的水磨。通常由两个圆石做成。磨是平面的两层，两层的接合处都有纹理，粮食从上方的孔进入两层中间，沿着纹理向外运移，在滚动过两层面时被磨碎，形成粉末。杵、臼是春捣粮食或药物等的工具。杵和臼原指一头粗一头细的圆木棒，后来指捣谷工具。《六韬·农器》："战攻守御之具尽在于人事。耒耜者，其行马蒺藜也……镢锸斧锯杵臼，其攻城器也。"《说文》："臼，春也。古者掘地为臼，其后穿木石。"《易·系辞下》："断木为杵，掘地为臼。"《齐民要术》："择满臼，春之而不碎。"郦道元《水经注·河水四》："东厢石山犹传杵臼之迹。庭中亦有旧宇处，尚仿佛前基。"杜甫《九成宫》诗："苍石八百里，崖断如杵臼。"

七、储藏器具和设施

储藏粮食是一个重要的问题，一方面防止粮食发霉变质，另一方面防止被盗、被老鼠偷吃。没有粮食储藏难以保障在冬季或其他困难时期有足够的粮食食用，因而制造储藏器具与设施是农耕社会储藏粮食必要的手段。在古代储粮主要有地上与地下两种方式。地下储粮主要采取窖穴方式，就是挖一个坑，窖穴的四周与坑底要经过特殊的加工处理用来防潮，防潮材料有木板、草拌泥、料石、红烧土碎块、草、席等。保证粮食不会变质。地上储粮又有容器储粮与仓屋储粮两种。穗储是将若干稻穗或粟穗扎成把，然后将之挂在墙上或架上的储藏方式。现在仍然有农民习惯将玉米挂在墙上。这种方式的好处是粮食不会被水浸泡，老鼠也难以爬上去偷吃。穗储成为乡土景观的一种重要展示元素。罐储是用容器将粮食储藏起来的方式。这种方式比较方便，储藏效果也比较好，缺点是成本较高，容器有限。仓屋储藏顾名思义就是建造专门的房屋储藏粮食，仓屋的基本要求是防潮保温。其优点是储藏量比较大，缺点是成本较高。一般只有大户人家或官府才有能力建造仓屋。

八、提水工具

用于生活与农业生产的提水工具在农耕社会不可或缺。尖底瓶是仰韶文化时期的典型器物之一①。小口尖底瓶是一种礼器，尖底插入陶琮的中孔，瓶内盛放酒水，用于祭祀天地。制作材质以泥质和陶制居多，其主要特点是：小口、长腹、尖底，但各文化遗址出土的器形略有差异。桔棒是古代提井水以灌溉园圃的工具。《庄子·外篇·天运》："且子独不见夫桔棒者乎？引之则俯，舍之则仰。彼，人之所引，非引人者也。故俯仰而不得罪于人。"如今在中国的某些农村地区仍有人利用桔棒灌溉菜园。辘轳是农村比较常用的提水工具。辘轳，汉族民间提水设施，流行于北方地区，由辘轳头、支架、井绳、水斗等部分构成，利用轮轴原理制成的井上汲水的起重装置。由于北方的水井比较深，辘轳成为最常用的提水工具，也成为乡土景观的重要表现元素之一。

水井与辘轳

九、纺织工具

纺织在人们的社会生活中占有重要的地位。中国机具纺织起源于五千

---

①　曹幸穗，张苏．大众农学史［M］．济南：山东科学技术出版社，2015：19.

年前新石器时期的纺轮和腰机。《墨子·辞过》:"女子废其纺织而修文采,故民寒。"《隋书·列女传·郑善果母》:"又丝枲纺织,妇人之务,上自王后,下至大夫士妻,各有所制。"简单的缫车、纺车、织机在西周时期相继出现,汉代广泛使用提花机、斜织机,唐以后中国纺织机日趋完善,大大促进了纺织业的发展。纺车自出现以来,一直都是最普及的纺纱机具,即使在近代,一些偏僻的地区仍然把它作为主要的纺纱工具。

十、渔猎工具

渔猎通俗而言就是捕鱼和打猎。渔猎是古代人们非常重要的获取食物的方式。在远古时代或近现代的一些海岛上,人们主要以捕鱼和打猎为生。在农耕社会,渔猎是一种非常重要的补充性谋生手段。《管子·轻重丁》:"渔猎取薪,蒸而为食。"唐代薛用弱《集异记·徐安》:"徐安者,下邳人也,好以渔猎为事。"清代刘大櫆《张氏祠庙记》:"诸城张氏之先,有河上仙翁,少好渔猎。"渔猎工具包括鱼镖、鱼叉、鱼钩、渔网、鱼苟、舟船、茅、弓箭、石球或石弹丸等。最早的鱼钩形状类似英文字母"J",只有当鱼钩牢固地楔入鱼嘴或鱼鳃中时才能抓到鱼,但鱼常常能从这种鱼钩上挣脱。在公元前5000年左右,居住在古斯堪的纳威亚(现在的丹麦、挪威和瑞典)的人发明了带倒刺的鱼钩。像带倒刺的矛头一样,倒刺鱼钩也有向后突出的尖刺,即使鱼线被拉得紧绷,鱼钩依然可以牢牢地钉在一个地方。渔网是最普通的渔猎工具。古代人使用粗布加上麻作为原料,通过捆卷的方法制成渔网。虽然这种渔网易腐烂,坚韧度差,但是其捕鱼效率已经大大提高。随着渔业的发展,渔猎的对象不只是鱼,捕捞的工具也与时俱进。渔网从功能上分为刺网、曳网(拖网)、围网、建网和敷网。世界上许多以打鱼为生的渔村,妇女们聚集在一起织渔网、补渔网、晒渔网成为生活的重要部分,也成为渔村吸引游客的独具特色的渔村景观。例如,小琉球是台湾地区附近属岛中唯一的珊瑚礁岛屿,隶属屏东县琉球乡，岛民以渔业为主。鱼类特产十分丰富，来到此地可感受渔村生活特有的景色，如晒渔网、鱼干、竹筏等，当地居民更利用渔利之便制造各类精美的贝壳装饰品。

十一、农田水利设施

农田水利设施也是农耕生产景观的重要元素。水利是发展农业的命脉。约公元前3100年埃及统一，建立了强大的王朝。埃及人此后开始建造灌溉系统，包括河流筑坝、挖掘水渠、修建池塘以及存水和控制水流系统，成为世界最早的大型农田水利系统。中国最早开展治水活动的据古史传说是共工氏。大禹治水则是在中国具有重大影响的事件，大禹经过十三年的艰苦治水工作才将水患消除。芍陂是春秋时代中国最早的一个大型储水灌溉工程，它是中国古代淮河流域水利工程，又称安丰塘，位于今安徽寿县南。春秋时期，楚庄王十六年至二十三年由孙叔敖在史河东岸凿开石嘴头，引水向北，称为清河。又在史河下游东岸开渠，向东引水，称为堪河。利用这两条引水河渠，灌溉史河、泉河之间的土地。孙叔敖创建芍陂引淠入白芍亭东成湖，东汉至唐可灌田万顷。隋唐时属安丰县境，后萎废。战国末年李冰父子在岷江上修建了都江堰这一大型分洪、灌溉工程，成为世界上最辉煌的奇迹与杰作。战国后期至秦汉时期关中地区相继修建了郑国渠、白渠、六辅渠、漕渠、成国渠等一系列水利工程，使关中地区成为富饶的经济区以及国家政治文化中心。此后历代政府包括乡村都不断修建水利工程，保障了社会安定和农业丰收。这些水利设施在发挥经济作用的同时，也成为乡村重要的景观元素，村民改造自然环境提高生产生活水平的见证。

现代乡土景观中水车的应用较为普遍。作为灌溉工具的水车是古代中国农民利用水利发展出来的一种运转机械。根据文献记载，大约在东汉时期出现。水车作为中国农耕文化的重要组成部分，它体现了中华民族的创造力，见证了中国农业文明，为水利研究史提供了见证。水车是一种古老的提水灌溉工具。水车也叫天车，由一根车轴支撑着木辐条，呈放射状向四周展开。大约在东汉时，水车出现在中国正式的文字记载中。东汉末年，灵帝命毕岚造"翻车"，已有轮轴槽板等基本装置。《三国志·魏志》记载三国时魏人马均也有"翻车"的制造，从东汉到三国"翻车"正式产生，可以视为中国水车成立的第一阶段。水车的发明奠定了人民安居乐业、社会和谐稳定的基础。水转筒车是一种以水流作为动力取水灌溉农田的器具，"不用人畜之力，功效高"是筒车的最大特征。在唐代，大量筒车的使用已成为唐代独特的"唐国之风"。这种靠水力自动旋转的古老筒车，在郁郁葱葱的山间、溪流间、小河边构成了一幅幅远古美丽的田园图画。它是中国古代劳动人民的杰出发明，也是古代乡村田园风光的一道亮丽风景线，一道美丽的乡土景观。梅尧臣《水轮咏》有生动的描写："孤轮运寒水，无乃农者营。随流转自速，居高还复倾。利才畎浍间，功欲霖雨并。不学假混沌，亡机抱瓮罂。"

第三节　生活性乡土景观元素

在日常生活中，与乡村村民衣食住行相关的物与场景所产生的文化景观可称之为乡土生活景观。生活器具景观和生活场景景观是乡土生活景观的两大类别。乡土生活器具是当地人在日常生活中创造并使用的器具，具有实用的一面，也富有美、文化内涵的一面。它是人们运用当地传统加工技术、依托自己的审美情趣对乡土材料进行创造的产物，寄托着村民的精神文化信仰与集体智慧，是具有浓郁乡土特色的景观元素。

一、陶器

陶器是用黏土或陶土经捏制成形后烧制而成的器具。陶器历史悠久，在新石器时代就已初见简单粗糙的陶器，是乡村居民从古代到现代日常生活中不可或缺的器具，也是重要的乡土人文景观元素之一。陶器的发明是人类最早利用化学变化改变天然性质的开端，是人类社会由旧石器时代发展到新石器时代的标志之一。从事农耕的人需要容器来盛水、牛奶、葡萄酒、橄榄油和其他食物。古代中东人在开始农耕后不久就学会了制陶。陶器在古代一般作为一种生活用品，现代社会许多人将其作为工艺品收藏。在最初阶段，中东地区的陶工用手来给陶器塑形，经常使用"线圈盘筑法"。美索不达米亚人在大约公元前 3500 年对陶器的制作进行了重要改进，陶器的制造更加便捷，从此陶器逐渐成为人们的日常器具。在中国，陶俑在春秋战国时开始出现，秦汉时达到高峰。著名的有秦始皇陵中的秦始皇兵马俑。秦汉时期的陶器主要为硬陶，出现了陶砖、陶瓦和瓦当，制作工艺精美，故后人有"秦砖汉瓦"之说。中国古籍中有许多关于陶器的记载，如《礼记·月令》："（仲冬之月）陶器必良，火齐必得。"唐代赵璘《因话录·徵》："兵察帝主院中茶，茶必市蜀之佳者，贮于陶器，以防暑湿。"

二、民居

民居就是普通居民的住宅房屋，即百姓居住之所：民家、民房。生产力的提高使人类改善自己居住环境的愿望得以实现。各地村民依据不同的地域地理环境，创造了不同类型的房屋建筑。"美索不达米亚地区发现的迄今最原始的人类居住地（那只是在泥土地上挖开的一个空洞，经日晒风干如砖一样坚硬），一直到印第安人的'长房'（其规模大到 30 米 × 15 米）。中国的居住建筑也开始从'穴居'一直发展成为'干阑''碉房''宫室'等建筑类型。"① 民居在中国古籍中多有记载。如《礼记·王制》：

---

① 朱淳，张力. 景观建筑史［M］. 济南：山东美术出版社，2012：13.

"凡居民，量地以制邑，度地以居民。地邑民居，必参相得也。"《管子·小匡》："民居定矣，事已成矣。"

由于中国幅员辽阔，各地自然条件和地理环境迥异，各个民族或地域的历史传统、生活习俗、人文条件、审美观念千差万别，各个地方民居的结构方法、平面布局、外部造型和细部特征由当地的百姓设计营造，因而呈现出淳朴自然、极具地方韵味的特征。在实际的民居建造与修饰方面，特别是在民居中，百姓常常把自己的心愿、信仰、审美观念、喜爱的东西用现实或象征的手法反映到民居的装饰、花纹、色彩和样式等结构中去，体现出极强的民间地域特色。云南白族的莲花，傣族的大象、孔雀、槟榔树，汉族的万字纹、回纹、鹤、鹿、蝙蝠、喜鹊、梅、竹、百合等由于具有吉祥等意蕴，因而常常成为装饰民居的元素。在中国的民居建筑中四合院、黄土高原窑洞、安徽古民居、客家土楼和蒙古包等是具有乡土特色的民居代表。

四合院是一种四四方方或者是长方形的院落，是中国北方地区特别是华北地区民用住宅中最常见的一种组合建筑形式。整个四合院，大都按照中国传统的习惯，采用对称的方式建成。四合院中，有正房，即北房，是主房。四合院一般坐北向南。东西两侧，为东西厢房，一般比较对称，建筑格式也大体相同或相似。南面建有南房，与北房相对应。

窑洞是根据土山的山崖挖成的作为住屋的山洞或土屋。是中国西北黄土高原上居民的古老居住形式，这一"穴居式"民居的历史可以追溯到4000多年前。黄土高原的百姓利用本地又深又厚、立体性能极好的黄土层，因地制宜，建造了一种独特的住宅——窑洞。窑洞分为土窑、石窑、砖窑等几种。人们劳动挖掘出的窑洞，有着独特的居住价值和文化内涵。它比较坚固、耐用。窑洞拱顶式的构筑，符合力学原理，顶部压力一分为二，分至两侧，重心稳定，分力平衡，具有极强的稳固性。土窑冬暖夏凉，保温隔音效果最好。窑洞村落的"田园风光"情趣在于在苍凉和壮阔的背景中化呆板单调为神奇。随着社会的发展，人们对窑洞的建造不断改进，黄土高原上冬暖夏凉的窑洞越来越舒适美观了。

傣家竹楼是傣族固有的典型建筑。傣族地区盛产竹材，许多住宅用竹子建造，粗竹子做骨架，竹编篾子做墙体，楼板或用竹篾，或用木板，屋顶铺草，主柱有 24 条。竹楼中央是一个火塘，日夜燃烧不熄。屋顶用茅草铺盖，梁柱门窗楼板全部用竹制成。傣族人居住区地处亚热带，气温高、阴雨天气多，因此，建在平坝近水之处，绿树成荫的处所，必定有傣族村寨。竹楼与《淮南子》所记"南越巢居"、史书所记古代僚人"依树积木以居"的"干阑"住宅相符。西南边区如哈尼族、景颇族、傈僳族以至苗族、瑶族等少数民族，住屋建筑与竹楼有许多相似之处。

中国经历过漫长的农耕社会，民居是乡村建筑的主体，在中国"天人合一"哲学理念以及传统建筑哲理思想的影响下，崇尚自然、与自然环境深度融合，中国各地乡村塑造了艺术造型极为丰富多彩、审美风格高雅迥异的特色民居。总体而言北方民居的风格是深沉厚重，南方民居的风格是洒脱秀丽，不论哪种风格的民居都富于画的意境与诗的韵律。或淳朴、或灵秀、或厚重、或实用的民居与竹林、洞桥、小路、崇山、秀水、峻石、绿树等融合而为一个整体。洒脱的生活气息、浓郁的乡土气息、动人的民族风情和亲切宜人的空间尺度使中国民居达到了情景交融的境界。

三、宗祠

宗祠即宗庙、祖祠、祠堂的总称，是举行祭祖活动的场所。在宗祠中，儒家供设祖先的神主牌位，又是从事家族事务活动的地方。清代刘大櫆《方氏支祠碑记》："然吾以为后世之宗祠，犹有先王宗法之遗意，彼其所谓统宗之祠，族人莫不宗焉。"皇家或贵族的宗祠发源比较早。宗祠制度产生于周代，上古时代，士大夫不敢建宗庙，宗庙为天子专有。而中国民间建造家族祠堂的现象最早可追溯到唐五代时期。宗祠大多分布于较重视儒家传统文化、移民现象较为普遍的地区，如广东、江西、福建、浙江等南方省份。

祠堂通常建在祖先最先居住的地方，将旧房改建成祠堂。经济实力小的宗族无力筹建大祠堂，便在村前选址设牌位，供祖先。祠堂一般讲究"风水"，例如，福建省一些地方宗祠厅堂的龙壁都贴有符篆、金箔及用锡箔色纸剪成的镜、尺、剪刀、双喜等图，用以镇宅。符篆多书"东方青龙大神镇宅""南方朱雀大神镇宅""北方玄武大神镇宅""西方白虎大神镇宅"等。祠堂是凝聚家乡情怀的地方，如果有人离开家乡，自己或后人回家乡谒祖寻根时，必先到祠堂祭拜，在离开家乡之时，必然用容器盛上祠堂的香灰及家乡泥土带走，以示虽然远离家乡，但永远不忘根本。

承载千年庐陵遗韵的诚敬堂被称之为"江南第一祠"。富田王家村的诚敬堂是当地人口口相传的"王家大祠堂"，是附近赫赫有名的乡土人文景观，富水河从东固山蜿蜒而下，流经古镇，滋润一方水土，孕育了山峦叠翠、古树绕村的自然景观，也见证了富田镇人文荟萃的光辉历史。诚敬堂祠堂长 82.3 米，宽 44.3 米，总面积为 3645.89 平方米，始建于明朝中期，是江西省目前发现的最大古祠堂。整座祠堂的木料构件数以千计，所有木料衔接部位均由木榫连接，没有使用一颗铁钉。尤其是正厅顶板的斗拱和门楼的鹊阁，如此高难度的构件不用铁钉连接，实在令人叹为观止。

四、古亭

古亭是中国古典建筑艺术中非常迷人而又能典型反映中国文化艺术成就的一种建筑类型。亭在中国乡村与园林中是比较常见的景观。古代最早的亭并不是供观赏用的建筑，魏晋南北朝时，亭作为点景建筑开始在园林中出现。隋唐时期，园苑之中筑亭已十分普遍。明清时期，古亭发展进入鼎盛时期，在乡村中也大量出现，成为一种重要的景观。《园治》："亭者，停也，人所停集也。"《营造法原》："亭为停息凭眺之所。"由于亭通透空敞，小巧玲珑，视野开阔，具有休息、赏景、点景等功能，因而受到各方青睐与重视。亭的整体造型特点主要取决于平面形状和各种屋顶形式的组合，可分为单向、竖向、复合组合以及亭组。亭由于材料、造型等的不同，展现出不同的个性特征。亭的类型按材料可分为木亭、石亭、茅亭、竹亭、碑亭和铜亭等。按功能可分为路亭、桥亭、井亭、钟鼓亭、流杯亭、半亭、祭祀亭、乐亭和纪念亭等。

亭的位置的选择由景决定，"因景而成，得景随形"。明代计成在《园治》中写道："花间隐榭，水际安亭，斯园林而得致者。惟榭只隐花间，亭胡拘水际，通泉竹里，按景山巅，或翠筠茂密之阿；卷松蟠曲之麓；或借濠濮之上，入想观鱼；倘支沧浪之中，非歌濯足。亭安有式，基立无凭。"临水建亭，成为观赏水面景色的最佳地点。崖旁建亭既增加了景观的魅力，同时又营造缥缈虚幻的景观气氛。山上建亭，如在山巅、山脊，视野开阔。平地建亭，一般建于路旁的林荫之间，或街巷的民宅一侧。亭在乡村还常常建于交叉路口和道路转折处，不但具有休息、标示道路的功能，而且还可以丰富景观。

乡土文化是体现人与土地关系"乡土性"的文化，是一种适应土地的特殊文化形态，具有地域性与丰富的人文内涵，以村落文化、民俗文化、农耕文化、饮食文化等多种形式出现。生活方式也是乡土文化的重要组成部分。生活方式是指在文化和人们价值观的潜移默化下，在一定的社会历史条件下，满足人类自身生存和发展需要的生存活动。农耕社会乡村居民的生产活动长期以农业为主，与不同生态环境、农耕环境相对应地形成了不同的生活方式。

生活方式既有物质载体又有非物质载体。村落形态、街巷机理、宅院格局、广场、私塾、灶台、厨房器具（锅碗瓢盆等）、男女服饰、纸墨笔砚读书用具、床上用品等都是乡村文化与生活的物质载体。而乡村历史沿革、历史名人、故事传说、地方民俗、民间活动、传统技艺、地方曲艺等则是非物质文化要素，它们是人们生活意识、审美理想、道德情操、文化精神、行为方式的缩影，体现浓厚的乡土人文情怀和深厚的文化底蕴，是乡土人文景观的重要表现元素。

五、民风民俗

民风民俗是在一定的社会形态中，社会文化区域内历代人们根据自己生产、生活的内容和方式，结合当地的自然条件创造出来的，并世代相传的共同喜好、风尚和禁忌以及共同遵守的行为模式。"风"与"俗"严格来讲是不同的概念，"风"往往是指由自然条件的不同而造成的行为规范差异。"俗"则是指由社会文化的差异所造成的行为规则之不同。"十里不同风，百里不同俗"形容不同的地方有不同的风俗习惯。这反映了各个地方风俗因地而异的特点，即风俗的多样性。中国有56个民族，各个民族的风俗习惯也各不相同。不同的民风民俗形成各地不同的风土人情，不同特色的风土人情塑造了各地特有的景观环境。民风民俗是乡土社会文化生活的一个非常重要的领域，这些文化元素对乡土景观的形成起了极其重要的作用，有时候甚至是乡土景观的决定性因素。民风民俗景观元素包括乡土习俗、乡土节庆、乡土饮食等。

中国自古皆有"二月二，龙抬头；三月三，轩辕生"的说法。农历三月三是中国多个民族（以汉族、壮族、苗族、瑶族等为典型）的传统节日，亦称"上巳节"。该节日在春秋时期就已经流行。《论语》云："暮春者，春服既成，冠者五六人，童子六七人，浴乎沂，风乎舞雩，咏而归。"大约写的就是当时的情形。古时以三月第一个巳日为"上巳"。巳日多逢农历三月初三。魏晋以后，上巳节定为农历三月三，后代沿袭。"上巳"在汉代定为节日。每到农历三月三时节，壮族青年男女聚集街头欢歌、汇聚江边饮宴。在壮族传说中，农历三月三是壮族始祖布洛陀诞辰日。农历三月三也是壮族祭祖、祭拜盘古、布洛陀始祖的重要日子。抢花炮、抛绣球、吃五色糯米饭等是该节日有趣的习俗。

2006 年、2008 年在国务院公布的首批国家级非物质文化遗产名录中，海南省"黎族三月三节"、浙江省景宁畲族自治县申报的"畲族三月三"、贵州省贞丰县、望谟县的布依族"三月三"榜上有名。"三月三"节日无疑成了极具乡土文化韵味的风俗节庆节日，成为乡土旅游及乡土景观一张靓丽的名片与关键元素。如今广西壮族自治区、浙江省、福建省、海南省等地每年都举办一系列形式新、立意高、群众参与度高的活动，吸引着全国各地游客远道而来参加。

六、宗教信仰

宗教信仰指信奉某种特定宗教（如佛教、道教、基督教、伊斯兰教、印度教等）的人群对其所信仰的神圣对象（包括特定的教理教义等），由崇拜认同而产生的坚定不移的信念及全身心的皈依。宗教信仰是众多信仰中的一种。作为一种精神风俗，宗教信仰在历史上包括当下对人类社会的政治、经济、文化各方面产生了重要的影响。它是全人类所具有的普遍文化特征，是人类精神的阶段性体现。民间信仰是具有自发性的一种情感寄托、崇拜以及伴随着精神信仰而发生的行为和行动。也有学者称之为"民俗宗教"或"普化宗教"。

景观是文化的外在表现，无论是乡土民间信仰还是儒教、佛教、道教、基督教、伊斯兰教在乡土景观中都体现出独特的价值。教堂、道观、佛寺等宗教信仰多以建筑形式出现，它们在乡土人文景观中是极具特色的景观元素。特别是一些民间宗教形式，如自然崇拜、祖先崇拜、神话崇拜等，成了乡土文化的重要组成部分，它们的存在和呈现极大地丰富了乡土景观的形式与内涵。

七、乡土艺术与传统技艺

乡土艺术及传统技艺也可以称之为乡村民间艺术与技艺，是针对学院派艺术、文人艺术概念提出来的。乡土艺术与传统技艺是指由那些没有受过正规艺术训练，但掌握了既定传统风格和技艺的普通农民所制作的艺术、手工艺和装饰性装饰物。无论是农耕社会还是游牧社会或渔猎社会都有民间艺术与传统技艺。乡土艺术与传统技艺是民间文化的组成部分，由于中国幅员辽阔、历史悠久，因而艺术形式与传统技艺种类繁多。民间艺术与传统技艺是人类生态环境、生产生活方式、社会制度、价值观、审美意识等的体现。从生产方式看，民间艺术是以一家一户为生产单位，以父传子、师带徒的方式世代传承的。民间艺术是劳动者为满足自己的生活和审美需求而创造的艺术。农耕社会人们过着"日出而作，日落而息"的农家生活，浓郁的乡土气息使人回归心灵的自然宁静。漫长的冬季与农闲时节为农民提供了充裕的时间，他们因而有条件进行创造。一则满足物质生活方面的需要，二则消遣时间、满足精神方面的需要。乡土艺术包括工艺美术、民间音乐、民间舞蹈和戏曲等多种艺术形式。传统技艺包括各种各样的农业技艺、木工技艺、建筑技艺、铁器技艺、金银器技艺等所有具有独特技术特性的技术。乡土民间工艺品主要以天然材料为主，就地取材，以传统的手工方式制作，带有浓郁的地方特色、乡土韵味与民族风格。按照材质分类，乡土民间工艺品有皮革、金属、面、泥、陶瓷、纸、布、竹、木、石、漆、草柳、棕藤等不同材料制成的各类民间手工艺品。这些工艺品与村民的日常生活密切相关，贯穿了村民衣食住行的日常生活、一年之中的四时八节等岁时节令、从出生到死亡的人生礼仪等各个方面。传统技艺包括皮影、剪纸、针灸、按摩、中药、变脸、风筝、木刻、木雕、舞龙舞狮、陶艺、泥塑、年画、戏曲、中国功夫、茶道、刺绣等。

乡土艺术及传统技艺是乡村劳动者勤劳、智慧的外在表现，反映了民间大众的审美与精神需求，是乡土文化景观的重要组成部分。例如，年画这一民间艺术是中国人春节期间用来装饰生活环境和居住场所的一种装饰画。古代就有过年贴画的风俗，只是不叫"年画"。直到清代道光二十九年，李庭光在《乡言解颐》一书中提到了"年画"一词，后来被广泛采用。年画的题材和内容包罗万象，有节庆画、吉祥画，有故事、戏曲、小说内容的装饰画，有门神，神等各类神像，也有保佑出行和牲畜用的神像（也叫纸马）等。年画色彩鲜艳、构图饱满、造型生动，是独特的艺术形式，也是反映民俗生活和观念的百科全书。

八、民间民俗故事

民俗是指一定区域内民众所创造、遵循和传承的一种生活文化。民俗活动种类丰富，以不同的形式表现出来，它深深根植于人民的日常生活中。通常表现为生产劳动民俗和生活民俗，是众多文化中最贴近生活的一种。民间民俗故事包括充满神奇的幻想民间传说，也包括一些历史事件、历史人物及地方风物故事。例如，民俗故事七夕节。农历七月七日旧称七夕，也叫乞巧节。相传是牛郎、织女在鹊桥相会的日子。乞巧指的是向织女乞取智巧。《诗·小雅·大东》说："维天有汉，监亦有光。胶彼织女，终日七襄。虽则七襄，不成报章。"唐代韩鄂《岁华纪丽》引《风俗通》说："织女七夕当渡河，使鹊为桥。"宋代陈元靓《岁时广记》引《淮南子》说："乌鹊填河成桥而渡织女。"七夕节这一民间节日就源起于神话传说，七夕的节日风俗也与这一神话传说有着渊源关系。据说五代时后蜀国国君孟昶好学能文、喜欢儒家经典。后蜀有个学士叫辛寅逊，曾任司门郎中、翰林学士、简州刺史等职。公元964春节，孟昶令辛寅逊在桃符上题写联语，可是孟昶没有看中，就自己题写了"新年纳余庆，嘉节号长春"，这成为贴春联习俗的开端。

日常生活中民间传说大多是根植于现实，例如，端午节的传统民俗活动是为了祭奠屈原。民间故事是民间文学中的一种。民间故事又叫"古话""古经"等，是所有民间散文作品的统称，是老百姓创作并传播的、具有虚构内容的散文形式的口头文学作品。民间故事是从远古时代起通过人们口头流传的以一种奇异的语言和象征的形式讲述人与人之间的种种关系，题材广泛而又充满幻想的叙事体故事。它们往往包含着自然的、异想天开的成分。

第七章

基于乡土文化元素的景观营造

乡土文化元素经受过时间的洗礼、社会各种因素的影响而成为乡村的组成部分与客观存在，佐证了它们的顽强生命力与适应乡村发展的特质。从景观学的角度而言，乡土文化元素的美学特征使它们成为乡土文化景观营造的重要元素，乡土文化元素的应用成为乡土景观亮点与乡土特色的表现形式与载体。没有乡土文化元素的应用，乡土景观营造难以完美实现。就美学特征而言，乡土文化元素具有自然美特征。在自然条件的作用下逐渐演变而成的乡土地形地貌、乡土材料、乡土色彩、山丘、河流、植被、动物等，反映了一个地方的自然环境。地形地貌等乡土元素本身具有自然美的特征，景观营造过程中如果将这些乡土自然元素加以运用，使景观的各种要素相互融合、相互适应，能够营造一个天然、质朴、极具特色的景观整体，散发出浓厚的自然气息，体现自然美的景观性格。民居、民风民俗、服饰、民间故事、村规民约、生活器具、农具、民居工艺品等是村民日常生活生产的自然物态，反映了村民自然的审美价值与取向，因而如果将它们融入乡土景观中，能够产生一种乡土自然美。

乡土文化元素也具有朴素美的特征。客观而言，无论乡土的纯自然元素还是乡土生活生产人文元素都不是瞬间形成的，是经过漫长历史岁月的冲刷逐渐形成的。对于一些自然元素如岩石、地貌、泥土、山体等，其色彩、质地、纹理、外形等在演化过程中会形成并留下某种痕迹，成为一种景观记忆。如乡土材料的应用，会慢慢风化形成各种肌理，其外在特质会展现出一种年代沧桑美，散发浓厚的乡土气息，具有朴素美的景观特性。

民居、寺庙、祠堂、生活生产器具等乡土人文元素在历史演化过程中也留下时间冲刷的某些痕迹，展现出年代的沧桑美，散发出浓厚的乡土气息。乡土景观营造中如果合理运用这些元素，必然能够展现出朴素美的景观特性。

营造乡土人文景观必须深入了解现代景观的特点，因为虽然是乡土景观，但在进行景观营造时，必须明白现在与过去景观的营造方式、营造理念已经迥然不同。现在的乡土景观设计与营造一般由专业人士承担，并且现代乡土人文景观必须与当下社会的发展相契合，自然地或抄袭过去的景观营造方法已经行不通，因而营造乡土人文景观必须在了解现代景观特点的前提下进行。著者认为现代景观具有如下几个特点。（1）现代景观的设计与营造范围发生巨大变化。景观设计范围已逐渐从过去私有住宅庭院（如私家园林等）、地段性景园（如地标建筑、公园、植物园等）向城市性、公共性、普及性、多元性、区域性以至全局性的系统开拓。（2）现代景观设计营造所涉及的学科领域越来越多。现代景观的研究与设计涉及方方面面，所涉及学科除了传统的地理学、植物学、数学、建筑学、历史学、美学、艺术学外，还包括环境学、自然生态学、城市规划、文化遗产学、人类学、交通运输、人工智能、景观资源等现代学科。（3）景观设计的方法与视野不断拓展。学习与借鉴古今中外各种园林设计理论与设计方法是现代景观设计营造不可或缺的重要过程与方法，由于它也是现代环境艺术的一个重要组成部分，因而在运用现代科技、创作方法、审美价值上只有不断创新才能设计出高水平的景观并使景观理论与实践得到更好的发展。（4）现代景观融合了人类、生物生存的自然环境与人文环境，在加强与维护这一生态系统的同时，必须面对景观所处生态环境可持续发展、合理开发资源的命题与挑战。

第一节 乡土人文景观设计与营造基本原则

结合乡土景观的特征与现代景观的特征，在设计与营造乡土人文景观时必须遵循一定的原则，才能使乡土人文景观符合乡村与现代景观的要求，避免成为没有特色的失败之作。

一、功能原则

乡土人文景观的基本功能必须满足乡村建设发展以及乡村居民的基本日常需求，在维护乡村自然生态形态完整的基础上提高乡村居民的生活生产环境质量。应避免设计营造脱离实际、假大空的景观。

二、节约与高效原则

由于乡村社会经济各个方面与城市相比存在一定差距，在设计乡土人文景观之时，坚持节约与高效原则至关重要。在具体设计营造以及维护过程中，尽量用最少的人力、物力、财力（资金、能源等）及尽可能少的土地资源完成尽可能多的项目，可以利用最少的资源完善、健全自然生态过程。例如，在设计营造一个农业景观时，如果所设计的景观必须使用大量化肥、农药、水资源以及人工成本，那么这样的设计方案就不符合节约与高效原则，应当尽量避免这种现象的发生①。

三、循环与再生原则

在乡土人文景观设计中要充分利用生态系统自身所拥有的循环和再生

---

① 赵良. 景观设计 [M]. 武汉：华中科技大学出版社，2009：38.

功能，积极构建乡村及环境绿地系统，避免对不可再生资源的过度利用，如各种矿物、岩石等。通过精巧设计，高效利用水资源以及自然能源。例如，可以利用风能、太阳能等为景观提供电力与动力能源，利用流动的河水满足景观水体的需求。

四、乡土植物与生物多样性原则

乡土植物是乡土人文景观可以利用的重要元素，强调乡土景观绿地系统是乡土植物和乡土生物多样性保护的重要环节。在景观设计营造中应当尽量多用本土的植物与动物资源，既能节约成本，又能充分体现乡土本色。在引入外来植物与动物时应进行科学认证，避免外来物种对当地生态系统造成潜在破坏，要积极保护地方物种。

五、乡土精神原则

在设计营造乡土人文景观过程中要充分体现地域范围内自然和文化的历史过程，通过将自然与文化二者的结合，展现地方乡土特色及乡土意蕴。在乡村发展过程中，农业景观绿地是地域乡土精神的载体，对乡土精神的表达绝不仅仅是一种表面形式与口号，而应当是对乡土的一种身心体验。

六、整体与连续性原则

乡土人文景观环境不是独立的游玩与观赏空间场所，而是乡土与自然环境、历史人文环境的结合体。因此，在设计乡土景观时应将人类生活空间、自然界的空间与演化过程进行连续性与整体性的审视，不能将它们人为地割裂，应当致力于规划与建立"自然—人类—生态系统"统一体的景观环境生态体系①。

七、零能耗与零排放的原则

完全不消耗能量、完全实现零排放在乡土人文景观的建设、使用与维护过程中虽然难以真正实现，但温室效应与气候变暖的警钟我们不得不警惕。在景观营造过程中要避免环境恶化的后果，因而在设计乡土人文景观时必须采取措施，尽可能保证在景观生命周期的全过程内，最大限度地保持能源的低消耗或不消耗，保持自然环境的天然化及健康性。著者认为现代科技为我们提供了种种可能性，我们必须善于运用。例如，在景观的适当位置安装风机、太阳能电池等发电设备以满足景观自身的能源消耗，实现景观的零耗能和零排放。通过精心设计在景观中避免使用耗能装置，也是实现景观零耗能、零排放的重要举措。

第二节　乡土材料的应用

美国著名建筑师弗兰克·劳埃德·赖特（Frank Lioyd Wrignt）被称为美国最伟大的建筑师，他曾经有过一句名言："每一种材料都有自己的语言，每一种材料都有自己的故事。"② 每一种材料由于所处地域地理环境、气候（湿度、温度、光照时间与烈度）以及自然环境的不同，每种材料的性状、特征也必然不同，它们在建筑及景观中的地位、作用、功能等也必然不同。乡土景观设计营造应当尽量多采用具有乡土地域特色的材料，一方面通过展现地域性乡土材料能够体现景观的乡土特色，另一方面能够降低景观营造及维护成本，节约资金与资源。那么在乡土景观的具体设计与

---

① 赵良. 景观设计［M］. 武汉：华中科技大学出版社，2009：39.
② 宋华. 平面广告设计［M］. 武汉：武汉大学出版社，2015：133.

营造过程中应该怎样利用乡土材料呢？著者认为在进行设计前，设计师或专业设计师首先应通过田野调查的方法到景观营造地详细了解地域范围内相关乡土材料的各种特性及相关信息，包括材料的物理特性、化学特性、材料的材质结构、材料的文化寓意、材料的加工与施工工艺、材料的生态特征、材料的美学特征、材料的广泛性及价格等等尽可能多的相关信息。在掌握乡土材料的基本信息之后，再从景观空间、景观结构、景观目标达成的实际需求出发选择景观各个组成部分的合适材料，力求让不同材料在不同的空间中呈现出相同的形式特色和文化内涵，或者同一种材料在不同的空间中呈现出不同的形式特色和文化内涵，创造出独一无二、体现乡土特色文化的美丽景观。

　　乡土原生材料是乡土人文景观设计与营造的物质基础，没有乡土原生材料的巧妙运用不可能设计出出色的乡土人文景观。乡土原生材料包括泥土、木材、石料、草木、农业作物、本地砖瓦等。景观设计营造中一般会使用各种各样的材料，设计师必须熟悉不同类型材料的不同特性，只有通过对这些材料的巧妙运用或者对旧材料的重新搭配，才能塑造出景观空间及外形的质感和美感。

　　随着时代变化，特别是新材料、新工艺、新设计理念的涌现，原来的乡土原生材料的应用方式或方法已经难以适应现代景观的营造，许多材料的构造和性质难以呈现出设计师构想的工艺形态，因此对乡土原生材料进行工艺、形式以及功能上的探索创新成为一种必然。对原生材料的创意应用不但可以拓宽材料在景观营造中的应用范围，同时也会使景观产生新意象、新形式与新特征。隈研吾是日本著名建筑师，高柳町社区中心是隈研吾的重要作品之一。隈研吾在设计中将草、竹子、木头结合了起来，从而消解了建筑本身的厚重感，使建筑空间变得通透轻盈。隈研吾的强项之一就是设计具有东方气质的美术馆或艺术馆，他在四川成都设计了一个名为"知"的艺术馆。隈研吾通过改进传统施工工艺将无数瓦片精巧地串联起

来，创造出了有镂空效果的石墙。瓦片构成的石墙在外形与线条方面不仅
体现了流动感，而且隐喻了知识与历史时光的流动，他还将石材解构重组
制作成有质感的肌理凸出的厚重板墙。他对瓦片等乡土原生材料的创意运
用为我们的乡土人文景观设计与营造提供了新思路：可以用当地特色材料
对空间和建筑进行分割，从而突出空间的通透感和流动性。景观设计师可
以通过对乡土材料进行创意搭配的方式以及新施工手法创造出材料的新质
感和新肌理。例如可以将石材、板材与木材、竹材、水泥等结合起来创造
不同的视觉效果，也可以通过材料置换的方式进行景观的创意设计，还可
以通过藏新于旧、涵旧于新的方式对新旧材料进行创意组合，创造出令人
意想不到的效果。在实际乡土景观的设计营造中，有设计师将竹编替换成
麻草材料，并在图案和形式上进行重新设计与改进，将它们运用在墙饰、
壁挂、窗帘、门帘等位置上，为游客营造出一种别样的、新颖的、极具乡
土味道的视觉体验与效果。

　　基于乡土文化元素的乡土景观设计的目的是营造具有鲜明地域文化特
色的乡土景观，乡土文化元素就是乡土景观特色的载体与基础，因而确定
什么样的乡土文化元素可以运用到乡土景观之中非常必要，这也是乡土景
观营造的先决条件之一。如果乡土景观中没有乡土文化元素或者错误地运
用了不恰当的文化元素，所营造的乡土景观就失去了特色，削弱了乡土景
观本身的吸引力，其文化效益、社会效益及经济效益就受到削弱，这必然
阻碍美丽乡村的建设。在乡土人文景观设计的实践中，著者认为设计师最
基础的工作是通过收集、整理完成乡土材料信息的原始积累，经过研究与
分析，提炼出适用的乡土元素。具体步骤及相关注意事项如下。

一、熟悉自然环境十分重要

　　任何乡土人文景观都处于一定的自然环境之中，通过对乡土自然环境
的研究，选取恰当的乡土造景元素十分必要。如前文所述，乡土自然元素

多种多样，包括地形地貌、植被、山川河流、水体、农作物、动物、土壤、气候等。在具体的乡土景观设计营造中，选取何种元素运用到景观之中必须经过慎重的思考，不能想当然地任意选取，必须根据所营造景观的特色定位、场所、目标人群、周围环境等进行综合考虑，明确可利用的自然资源，以达到借景目的。浙江省安吉县以竹子与竹文化闻名，世界竹子看中国，中国竹子看浙江，浙江竹子看安吉。安吉县用不到全国2%的立竹量创造了全国近20%的竹产值，引领了"能吃、能喝、能穿、能居、能游、能乐"的绿色时尚。安吉县的许多景观都将竹子这一储量丰富、极具地域乡土特色的自然资源元素运用其中，形成了具有地域乡土特色、营造成本相对较低的乡土人文景观。在乡村旅游业态融合发展、内涵多元化发展上，安吉县将"竹文化＋"品牌做到了极致。

客家的土楼、傣家的竹楼、北京的四合院都是运用自然资源元素并使之最终成为乡土景观的较为成功的典范。在福建省泉州市惠安县，石头房最为特别。许多乡村都有一座座富有特色的石头房子，一块块长方体的大石头，有规律地搭放着，看起来稳健、大气、结实。虽然摸起来有一点凹凸不平，但却给人很强烈的年代沧桑感，别有一番韵味。为什么房子大部分都用石头来建？原因非常简单，因为惠安县地靠海边，石头很多，就地取材非常方便。惠安人很团结，谁家要建房子，大家都会去帮忙，不用花钱叫村外的人来帮建，所以这里的每一座石头房都承载着浓浓的乡情，并成为远近闻名的乡土人文景观，成为泉州的一种特色建筑。

二、结合历史文化十分必要

只有充分掌握地域文化等精神层面内容才能设计出唤起人们对地域特征联想的景观。每个地方都有自己的特色文化，要想设计出具有地域文化特色的乡土景观，必须要了解地域文化的精神内涵与精髓。如何才能充分掌握地域文化精神呢？景观设计师必须大量阅读、理解与地域范围内密切相关的历史、道德规范、风俗习惯、故事传说、典型人物、民间艺术、村规民约等与文化形态相关的知识，从中梳理出乡土文化精神的精髓，并将之巧妙地应用到景观设计之中。同时要进行长时间的田野调查，深入乡村生活，获取第一手资料。田野调查被公认为人类学学科的基本方法论，也是最早的人类学方法论，它是来自文化人类学、考古学的基本研究方法论，也就是"直接观察法"的实践与应用；它也是研究工作开展之前，为了取得第一手原始资料而进行的前置步骤。离开田野调查想当然地认为自己了解某个地方的地域文化是不现实的。

深入生活后创作出艺术精品的实例很多。贵州省独山县的水司府堂是按照水族依山傍水而居的传统习俗和建筑特征修建，是水族人民的文化符号和智慧象征。水司府堂背靠净心河谷山脊，弧形的平面布局模式，如同张开怀抱的巨人，紧拥美丽的胭脂河湾，设计巧妙，工艺精巧。从地域文化与景观的营造这一方面看，它是成功的，它体现了当地人的地域文化，景观的外形与意象都符合当地少数民族的文化底蕴与审美标准。设计者如果不深入了解当地的文化习俗，不掌握地域文化精神层面内容的实质是难以设计出如此宏伟、独特而美丽的乡土景观的。了解乡土精神的精髓并将之运用于景观设计并不容易，这需要设计师潜心田野调查、认真思索，在此过程中还必须规避浮光掠影式的调查与先入为主的思想。

三、乡土人文景观营造需要挖掘恰当的设计元素

乡土人文景观营造需要挖掘恰当的设计元素，其中的重要一点就是要提取文化元素，将其转化为设计符号后应用到景观设计中。地域范围内乡土文化元素多种多样，数目众多，并不是每一个文化元素都可运用，不能随随便便选择文化元素。在景观设计与营造过程中提炼文化元素必须遵循一定的规则或原则，否则，不但难以为乡土景观填色增姿，反而会损害景观的整体效果。因而在提炼乡土文化元素时必须慎之又慎，必须综合考量

审美、文化、历史、风俗、艺术、经济效益、社会效益等诸多方面。著者认为在提炼文化元素过程中应当遵循如下原则。

（一）代表性原则

代表是指同类人或物的典型。典型是指旧法、模范，如苏轼《次韵子由送蒋夔赴代州学官》："功利争先变法初，典型独守老成余。"钱谦益《尚宝司少卿袁可立授奉直大夫制》："晋尔卿佐，为我典型，遂用覃恩授具阶。"典型的另一个意思是足以代表某一类事物特性的标准形式。如郁达夫《东梓关》："这竹园先生，也许是旧时代的这种人物的最后一个典型！"遵循乡土人文景观文化元素提炼的代表性原则就是在景观设计与营造中选取具有典型性、代表性的文化元素，即选取能够代表地域文化的内涵、精神、相态的文化元素，因为只有选取这些代表性文化元素才能体现乡土景观的特色，体现景观的地域乡土性。代表性的文化元素客观而言也最能吸引游客，引起他们的思想与情感的共鸣。如果选取的文化元素不是地域范围内具代表性的元素，一方面景观难以体现乡土特色，另一方面从经济等方面而言也可能得不偿失。一个地方的文化代表元素可能只有一至三种，在选取时可选取一种或两种或全部选取。如浙江省安吉县是全国有名的竹乡，在进行乡土景观营造时竹子就是一种文化代表元素。当竹子成为景观的代表性组成部分时，比如将竹子作为主要的景观原材料，或者重点突出竹子工艺品，那么当游客观赏这些景观时就会产生亲近感、美感、乡愁情怀。反之，如果安吉县的景观采用外地或进口的材料作为景观主角元素，那么无论这些景观多么美丽、昂贵、时尚，都难以产生乡土味道，甚至会给人一种不伦不类、不合时宜的感觉。再如农业部 2017 年将山东省威海市东楮岛村认定为休闲渔业品牌创建主体，它以深厚的历史文化著称，或是生态民居的"活标本"。海草房是东楮岛村村民祖辈居住的特色民居，用大块石头砌成粗犷的墙，石头随方就圆，墙面纹样规则中还显灵活，寓朴于美。三角形大山墙和方形院落很有特色，房顶外还覆有一层厚厚的海草。苫房是一门手艺，显然海草及其相关的技艺成了这个岛屿的代表性文化元素，而这些文化元素的应用成了该地域乡土景观吸引人的亮点。

（二）鲜明性原则

鲜明的一个基本意思是色彩耀眼。如《汉书·游侠传》："公府掾吏率皆羸车小马，不上鲜明。"《新唐书·李贞素传》："性和裕，衣服喜鲜明。"鲜明的另一个基本意思是分明而确定、出色。如《汉书·司马迁传》："故士有画地为牢势不入，削木为吏议不对，定计于鲜也。"选取文化元素所谓的鲜明性原则是指在选取文化元素时尽量选取那些能够引起人们注意、具有突出地域文化特色的元素。因为在众多乡土文化元素中，一些元素虽然对一个地域而言非常重要，但由于各种原因，如色彩、形状、认知度、所需载体等难以在景观中应用，或者即使应用也难以引起人们的注意、难以产生美感、难以产生亲近感，因而这些元素就不具有鲜明性，不适合在景观中作为主要文化元素向外呈现。

（三）选择性原则

选择的意思是挑选，选取。《墨子·尚同中》："是故选择天下贤良、圣知、辩慧之人，立以为天子。"乡土景观中选取文化元素要遵循选择性原则是指在进行景观设计和营造时，对于在什么位置运用何种元素，运用元素的广度与深度等问题需要审慎考虑，不能随意或过多地应用文化元素，一定要进行审慎的选择。特别是在进行文化元素搭配时，更应该进行认真思考并进行某些实验，以验证文化元素搭配的合理性。

（四）多样性原则

多样性顾名思义就是指事物的种类与形态多种多样。多样性最初来源于生物生态学，广义的遗传多样性是指地球上生物所携带的各种遗传信息的总和。乡土景观中选取文化元素要遵循多样性原则是指在进行景观设计和营造时，要尽可能多地选取不同种类的文化元素。不要只选取一种或两种文化元素。在实践中，虽然景观营造中所选取的主要文化元素只有一种或两种，但这并不妨碍选取其他的文化元素，可以将一些文化元素置于辅助、陪衬的位置或角色。单调的文化元素应用，既不符合乡土文化元素多种多样、形态各异的客观现实，也不符合景观营造的美学、艺术学、经济学原理。只有在景观设计营造中科学合理地选取多种文化元素，对它们进行科学而合理的搭配，才能营造出文化元素种类与形态丰富多彩且主次分明的美丽景观。色彩与形态单调的景观难以获得众人的青睐。

在乡土人文景观营造实践中，根据地域客观条件选择营造方式，明确规划时应注意的问题非常重要。第一，保护与利用乡村景观空间肌理是乡土人文景观营造中的重要问题。空间肌理是乡村景观的重要标志，村落是其中最具特色的部分。在设计与营造中应尊重生态规律，维护和恢复乡村景观生态的连续性和完整性。空间是与时间相对的一种物质客观存在形式，从长度、宽度、高度、大小等方面表现出来。哲学上的"空间"是抽象概念，其内涵是无界永在，其外延是一切物件占位大小和相对位置的度量。"无界"指空间中的任何一点都是任意方位的出发点，"永在"指空间永远出现在当前时刻。在数学领域，空间是指一种具有特殊性质及一些额外结构的集合。肌理是指物体表面的组织纹理结构，即各种纵横交错、高低不平、粗糙平滑的纹理变化，表达人对设计物表面纹理特征的感受。

一件作品通过点、线、面、色彩、肌理等基本构成元素组合而成某种形式及形式关系，激起人们的审美情感。肌理指形象表面的纹理，它在空间设计上得到了广泛的应用，例如，中国传统村落空间形成了与都市空间不同的线性肌理，以及某些空间由于旧年失修造成空间肌理混乱，要求对原有的肌理形式进行重组等。空间肌理是乡土人文景观的重要标志，体现了景观的基本特征与组成方式。就整体感观而言，肌理是乡土景观的整体风貌、整体风格的体现。以一个村落为例，村落的街道、民居建筑、公共活动空间、村中成片树木、院落空间、农田、植被、水体、山丘、沟壑、道路等形成了村落的整体空间肌理，形成了村落的基本风貌与特色。乡村空间肌理是乡村自然物理界、人文历史界经过长期融合而形成的，是乡土性、历史人文性的重要载体与表征。肌理的形成不是一朝一夕可以完成的，因而保护空间肌理十分必要。破坏乡村空间肌理，实际上就是破坏了乡村的整体风貌，割裂了乡村的自然发展史，所造成的后果及损失十分严重，因此在进行乡土景观设计与营造时必须审慎而行。在不大幅度改变空间肌理或者不影响空间肌理风貌的基础上，出于乡土景观营造的需要，适当改变乡土空间肌理也是可取的，因为完全不改变空间肌理既不现实，也不符合乡村历史发展的基本规律。在确定乡土景观的位置、规模大小、朝向、高度、内部结构、与周围环境的衔接等方面，必须考虑与乡村整个空间肌理的协调与融合，在有机融合、浑然一体的前提下进行乡土景观的创新营造。

第二，保留和改造乡土建筑也是乡土景观营造的重要方式与途径。乡土建筑是空间景观的重要元素，一些历史悠久、富有特色、具有特殊人文价值的乡土建筑更是乡土景观的重要元素，合理而巧妙地利用这些乡土建筑具有节约时间成本、经济成本、保留乡土特色以及画龙点睛的作用。作为中国传统文化的重要组成部分，乡土建筑中蕴含大量的文化信息，尤其是广大被忽略的普通村落。狭义地讲，乡土建筑就是乡村中的各类建筑，是指民间自发建成的传统风土建筑，具有浓厚的乡村农家小院气息。乡土环境中的所有建筑都可以称为乡土建筑。保罗·奥利弗（Paul Oliver）对乡土建筑所下的定义是："风土建筑包含住宅以及人民的所有其他建筑，与周遭文脉，与可获得的资源相关联，通常是其所有者或者社群建造的，并且使用传统的技艺。"①

在乡土景观营造过程中，对于乡土建筑所采取的方式包括保护、改建

---

① 潘玥. 保罗·奥利弗《世界风土建筑百科全书》评述 [J]. 时代建筑，2019（2）：172 – 173.

与拆除。保护的基本含义是：爱护使免受可能遇到的伤害、破坏或有害的影响。《尚书·毕命》："分居里，成周郊。"孔传注："分别民之居里，异其善恶；成定东周郊境，使有保护。"具有历史文化价值的乡村建筑即使失去使用功能，也应给予保护和维修。对于那些具有历史价值、富有乡土文化特色底蕴、整体较为完好、物理性能较为稳固的乡土建筑，原则上都应当以整体保护为主。正如上文所言，这些保存较好的乡土建筑是乡土景观不可多得、不可再生的宝贵资源，保护是最基本，也是最重要的乡土景观营造方式。在保护传统乡土建筑方面，浙江省杭州市的做法值得肯定。杭州市于 2009 年 12 月举行了"农村历史建筑保护暨市新农村建设领导小组（扩大）会议"，在总结推广杭州实施农村历史建筑保护成功经验的基础上，正式系统全面地推进杭州农村历史建筑的保护工作。杭州市政府在 2014 年 12 月印发了《"杭派民居"示范村创建工作实施办法》，开始着力打造"杭派民居示范点"。富阳区东梓关村作为首批十三个示范村之一，入列"浙江省重点历史文化古村落"保护工程的一期工程。东梓关村整个村落沿富春江水岸呈带状分布，有着典型的水墨画式江南意境，明清时期作为水陆交通的枢纽，有过繁盛的时代。东梓关村利用传统民居人字屋面中微曲、起翘的做法，将屋顶做成不对称坡和连续坡，几个单元相互连接，屋面关系相互呼应，深灰色屋顶与白色墙体相互映衬，实现了传统意蕴的现代化表达，写意地阐释着江南意境。东梓关村对传统建筑风格的保护与继承为村庄带来了较好的效益，同时杭派民居的成功塑造为东梓关村带来了新契机。随着新闻媒体的宣传，游客们纷至沓来，2018 年举办江鲜大会期间，东梓关村日均接待游客 5 万余人次，旅游总收入达 1000 万元以上。

第三，改建乡土建筑也是乡土景观营造的重要方式与途径。改建是指在建筑原有的基础上加以改造，使其适合于新的需要（多指厂矿、建筑物等）。如将某一建筑物变为另一建筑物，可以指改变外形、特点、性质或作用。乡土建筑一般都具有悠久的历史，由于客观条件的限制，再加上风雨侵蚀、人为破坏、疏于修缮等原因，难以长时间完好地保存下来。如果任其自生自灭，必然导致乡土建筑的损毁，进而威胁到乡土景观的前景。在这些乡土建筑总体而言还处于完整状态下时，对它们进行改进就成为最佳现实途径。建筑破损后失修，需在原有的基础上加以修整、改造，从功能、安全及形式等方面赋予其新功能。对乡土建筑进行改建一方面能够尽最大限度地对原有建筑进行保护，另一方面也可以通过改造赋予它新的功能与文化意蕴，丰富乡土景观的历史感、时代感与美感。同时也可以节约时间成本、经济成本等，可谓有百利而无一害。

自古以来浙江省丽水市松阳县被誉为"最后的江南秘境"。距今已有600多年历史的古村陈家铺在距离松阳县城15公里的大种山深处，悬于山崖峭壁之上。西归道路塞，南去交流疏。唯此桃花源，四塞无他虞。陈家铺整体呈现出典型浙西南崖居聚落形态。近百幢民居多为夯土木构建筑，保留了完整的村落空间肌理和环境风貌。在改造过程中，设计师梳理了与当地自然资源、气候环境、复杂地形、生产与生活方式及文化特征相适应的空间形制和稳定的建造特征，提出了保护传统聚落风貌的方案。运用轻钢结构体系和装配式建造技术，植入新的建筑使用功能。两栋民居夯土墙体保存较为完好，设计师便将其整体保留；原有建筑内部空间格局狭小，木屋架也已年久失修，拆除后，设计师植入新型轻钢结构，并将新结构与保留的夯土墙体相互脱离，避免土墙承受新建筑的受力荷载。

乡土景观的改建是乡土文化在景观中经常使用的方法，也是最为直接明了的表现手法。对传统民居建筑、历史遗址遗迹、地域民俗民风等原有乡土人文符号、传统景观形态进行保留并加以改造，不但能使人产生乡土情结的共鸣，而且容易唤起人们的乡土认知。从某种意义上讲，传统民居建筑、历史遗址遗迹、地域民俗民风是乡土味道的载体。例如在风景如画的偌大的重庆市鹅岭公园内，一处不显眼的地方隐匿着一座名为"桐轩石室"的仿罗马式石结构建筑。石室建于 1911 年，离望江楼不远。正门两侧以篆刻"桐轩"二字作窗花，室内两条不对称隧道式石阶，曲折地通向屋顶的观景平台。整个石室轴线对称，但左右窗花及其装饰均不规则，既有变化，而又统一，堪称一绝。2003 年桐轩石室被渝中区定为"区级文物保护单位"。通过有关部门对桐轩石室的保留与改造，一百多年前的建筑风貌再次呈现了出来。

第四，拆除乡土建筑也是乡土景观营造的重要方式与途径。对于与周围环境不协调、毫无美感可言的建筑，基于乡村景观规划的整体性，应予以拆除。我们通常所说的拆除是指旧房拆除、墙体拆除等。《清史稿·河渠志三》："淮水归海之路不畅，请于扬粮厅之八塔铺、商家沟各斜挑一河，汇流入江，分减涨水，并拆除芒稻河东西闸，挑空淤滩，可抵新辟一河之用。"乡村民居、历史遗址遗迹、花园园林、祠堂、庙宇、街道、牌楼、庭院等都是历史的产物，从历史及哲学角度而言它们都要经历一个从诞生到发展、鼎盛，再到衰败直至消失的过程。客观而言绝大多数的乡土建筑及其他形式的景观都会在风雨侵蚀吹打以及时间消磨之下彻底消失。正如保罗·奥利弗在《世界乡土建筑百科全书》中指出的那样，乡土建筑景观具有本土的、匿名的（即没有建筑师设计的）、自发的、民间的（即非官方的）、传统的、乡村的特征。① 乡土建筑大部分都是民间自发设计与建造的，其主要功能是实用功能，因此绝大多数乡土景观建筑并没有很高的历史价值、艺术价值、审美价值与文化价值。既然绝大多数乡土景观建筑都不是所谓的精品，在历史风雨中或受自然侵蚀或受人为损坏，那么在美丽乡村建设过程中、在乡土景观的规划设计过程中，对于那些毫无美感可言、没有历史人文价值、缺乏乡土特色，甚至阻碍或伤害了乡土人文景观的整体规划、整体美感、交通或空间肌理的乡土景观建筑或民居，应当

---

① 潘玥. 保罗·奥利弗《世界风土建筑百科全书》评述［J］. 时代建筑，2019（2）：172－173.

予以拆除。

在某些农村地区，有"祖宅不可动，建新不拆旧"的习俗，不少农村人进城落户，在农村留下了很多长期无人居住的老旧房屋。这些房屋由于无人照看、维护，时间长了难免老旧不堪，逐渐成为危房。有时候遇到刮风、大雨天气，还会部分坍塌，成为安全隐患。这些老旧房屋，既影响村民的安全，也影响村容村貌，妨碍"美丽乡村"建设，因此要进行拆除。天涯海角游览区海南省三亚市西南方向 23 公里处，三亚湾和红塘湾之间的岬角上。1994 年天涯海角游览区获评"国家重点风景名胜区"，2001 年天涯海角游览区成为国家 4A 级风景区。为了顺应游客的要求，景区按照国家 5A 级标准对景区建筑进行了全面考评，发现有几处旧建筑已对整个景区整体景观建设造成了阻碍，三亚市整顿天涯海角景区旅游秩序领导小组决定立即对影响整体景观的旧建筑进行拆除。旧建筑的拆除提升了景区景观的整体观感，净化了景区风貌，满足了游客的要求，取得了良好整体效果。因此，在实际乡土景观设计与营造中，必须慎重考虑、认真规划公共活动空间景观。

第五，新乡土建筑营造也是乡土景观营造的重要方式与途径。营造新建筑是乡村发展的必然要求，对于新建筑，要注重新旧共生，以"扬弃"方式体现时代特征。保护、改建、拆除等方法是乡土景观的营造方式，但这些方式是建立在原有乡土景观基础之上的。时代在变化，营造新的符合时代要求的新景观是一种历史必然。营造新景观要有新思维、新理念、新技术，同时也要结合地域乡土自然条件、历史人文环境等因素。

行为活动与场所空间景观是乡土景观不可或缺的内容，包括村落街道、亲水空间等。营造乡村景观要保持生产与生活空间之间的通达性。按照哈贝马斯的说法，公共空间的含义更加广泛，它是指政治权力之外，作为民主政治基本条件的公民自由讨论公共事务、参与政治的活动空间。他强调在公共空间内公民间的交往是以阅读为中介、以交流为中心、以公共事务为话题的"公共交往"。① 公共空间不仅是地理的概念，更是进入空间的人们，以及展现在空间之中的广泛参与、交流与互动。这些活动大致包括公众自发的日常文化休闲活动，和自上而下的宏大政治集会。乡村活动空间指那些供村民日常生活和社会生活公共使用的室外及室内空间。室外部分包括街道、广场、户外场地、乡村公园等，室内部分包括村委建筑、私塾学校、寺庙、商业场所等。行为活动与场所空间景观在乡土景观中占有重要的地位，整体而言乡土景观的设计与营造必须考虑村民公共活动空间景观中的各种元素，把它们纳入整体形态景观设计中。如果不考虑公共活动空间景观的客观存在与客观要求，乡土景观就不能满足村民、游客及外来群众的基本要求与期待。

　　包括木材、人工材料、石材、土壤、农作物材料等在内的乡土景观材料的运用是乡土景观营造过程中的一个重要方面。乡土材料的运用可从艺术设计与现代技术相融合展开，这样不仅能保护传统文化而且能展现新活力。艺术设计就是将艺术的形式美感应用于与日常生活紧密相关的设计中，使之不但具有审美功能，还具有实用功能。艺术设计是人类社会发展过程中物质功能与精神功能的完整结合，是现代化社会发展进程中的必然产物，从某种意义上来说也是设计师自身综合素质（如表现能力、感知能力、想象能力）的体现。现代建筑风尚与过去不同，强调建筑随时代发展变化，积极采用新材料和新结构，发展建筑美学，创造新的建筑形式和建筑风格。现代建筑的这些发展趋势对于乡土景观营造也富有借鉴意义。如今新材料、新技术、新工艺从某种角度来说已经成为具有颠覆性作用的新势力。

　　21 世纪科技发展的主要方向之一是新材料的研制和应用。新材料的研究，是人类对物质性质的认识和应用的进一步深入。建筑新技术近年来也

---

① 哈贝马斯. 公共空间与政治公共领域——我的两个思想主题的生活历史根源［J］. 符佳佳，译. 哲学动态，2009（6）：5－10.

层出不穷，如长螺旋钻孔压灌桩技术、智能化气压沉箱施工技术、自密实混凝土技术、有黏结预应力技术、塑料模板技术、大型复杂膜结构施工技术、外墙自保温体系施工技术、建筑外遮阳技术、地下工程预铺反粘防水技术、抗震加固与改造技术、结构无损拆除技术、虚拟仿真施工技术、项目多方协同管理信息化技术等。将乡土景观材料与新设计方法及新理念、新材料、新工艺等有机结合是新时代乡土景观营造的发展趋势。只有将乡土景观材料应用到现代乡土景观营造中，才能体现景观的乡土特色；只有将新设计方法及新理念、新材料、新工艺应用到现代乡土景观中才能与时俱进，营造出符合时代特征的新乡土景观。如果只采用乡土景观材料而没有新材料、新工艺的引入，营造出的景观难以符合时代要求，难以符合民众审美的新变化趋势。如果只采用新材料、新工艺而拒绝使用乡土景观材料，那么就难以适应乡村景观与美丽乡村的建设需求，难以满足人们对田园风光的渴望。

第三节 乡土人文景观设计的创新表现手法

一、抽象与再现

将乡土元素典型形象、结构及色彩构成等进行简化和提炼，形成一种"形"中有"意"的新艺术形象或标识符号就是抽象表现手法。"抽象"一词的拉丁文为 abstractio，原意是排除、抽出。抽象是通过分析与综合的途径，运用概念在人脑中再现对象的质和本质的方法，分为质的抽象和本质的抽象。抽象的本义也有引申和转义之意。在自然语言中，有的人把凡是不能被人们感官所直接把握的东西，也就是通常所说的"看不见，摸不着"的东西叫作抽象；有的人则把抽象作为孤立、片面、思想内容贫乏空洞的同义词。抽象过程具有多个环节，我们可以将它概括为：分离—提纯—简略，它们既可以说是抽象过程的基本环节，也可以说是抽象的方式与方法。如果以抽象的内容是事物所表现的特征还是普遍性的定律作为标准加以区分，那么，抽象大致可分为表征性抽象和原理性抽象两大类。与景观设计与营造紧密相关的是表征性抽象，也是以可观察的事物现象为直接起点的一种初始抽象，它是对物体所表现出来的特征的抽象①。

再现是指过去的情况再次出现或呈现，也指对外在客观现实状况作具体刻画或模拟。艺术再现是指艺术家在其作品中对他所认识的客观对象（社会生活）的具体描绘，在创作手法上偏重写实，追求感性形式的完美和现象的真实。在创作倾向上偏重认识客体，模仿现实，用艺术手段把经历过的事物如实地表现出来。

乡土人文景观设计与营造的抽象与再现手法是指将乡土文化的内涵通过分离、提纯与简略，用一个或一组简约的符号来表达或再现。例如，在现代乡土绿道景观中，如何改变单纯使用堆砌的乡土造景材料、空洞的造景手法的情况而营造出具有乡土文化特性、文化内涵的景观就是一个现实而复杂的问题。巧妙运用根植于地方文化的乡土植物，营造具有地域文化特色的景观，不失为一种较好的策略。这要求善于运用抽象与再现手法在景观设计中把乡土植物文化与绿地景观有机结合，创造出具有抽象性、蕴含一定意境的景观。山东省海滨的某些乡村绿道中的模纹花坛，就多以海波、浪花、海鸥为构图母体，充分展现了海滨乡村的特点。

在景观中经常看到的雕塑是运用抽象与再现手法的典型。通过现代简约思维与提炼手法在空间造型中营造艺术符号，塑造出具有多维空间关系的景观是一种比较普遍的途径。在乡土人文景观营造过程中，可以利用中国传统写意精神与现代抽象理论将乡土文化特色或文化内涵用富含韵味的

---

① 〔英〕凯瑟琳·蒂. 景观建筑的形式与肌理：图示导论［M］. 袁海贝贝，译. 大连：大连理工大学出版社，2011：40.

形式表现出来。乡土景观抽象雕塑的设计、塑造、布置必须与整个景观规划空间相融合，也必须与乡土生态植被相搭配。乡土景观雕塑的材料可以是乡村石材、木材、土壤或植物，也可以是其他具有乡土质感的材料。抽象雕塑或符号的来源应当是乡土文化或乡土生活本身。只有这样的抽象物才能真正再现乡土韵味与特色。

乡土景观设计中的抽象凝聚是指对乡土文化元素与资源进行分离、提纯、简略、提炼、抽象，使乡土景观表现出艺术性与美感。整体概括、形状变形和简化重组是抽象凝聚的三种具体提取方式。整体概括是指在对乡土景观规划、乡土文化元素、乡土文化资源进行整体把握的基础上对文化元素及资源的颜色、材质、形状等典型特征进行提取，再通过部分变形，逐步形成一个具有代表性的文化符号与形态。例如，山东省淄博市淄川大桥上的淄川二十四景浮雕就是融合了淄川孝妇河地域文化、历史典故及自然景观，再加以变形而形成的。

乡土文化元素的形状抽象是指在不影响整体视觉效果的情况下，截取文化元素有特点的片段或者使用局部变形、夸张等艺术手法，对物体形状做一部分改变来突出特点，许多乡土景观中的雕塑就采取了这样的手法。简化重组是景观设计营造中经常采用的手法，通过提取乡土文化元素物体原形，删除复杂的不影响大局的细枝末节，保留大的整体造型和几何体，然后通过移动、圆滑、旋转、连接等方式对这些造型与几何体进行重新组合与构造，在保留文化元素物体基本轮廓的前提下，使之形成一个新的形态。乡土景观营造实践中通过对地域植物、动物、传说人物等进行抽象与重组而形成的图案、图腾、浮雕等都是对乡土生活场景的抽象的、物质化的表达。

二、隐喻与象征

隐喻是在彼类事物的暗示之下感知、体验、想象、理解、谈论此类事物的心理行为、语言行为和文化行为。从本体和喻体的关系角度可以分为四类：本体和喻体是并列关系、本体和喻体是修饰关系、本体和喻体是注释关系、本体和喻体是复指关系。象征是指借用某种具体的形象的事物暗示特定的人物或事理，以表达真挚的感情和深刻的寓意。象征的本体意义和象征意义之间本没有必然的联系，但通过艺术家对本体事物特征的突出描绘，会使艺术欣赏者产生由此及彼的联想，从而领悟到艺术家所要表达的含义。爱尔兰现代主义剧作家塞缪尔·贝克特的《等待戈多》是荒诞戏剧的代表作。

"利用隐喻创造形式就是用非线性的方式将景观构想或描述为另一种（通常）不相关的事物或行动。死亡空间或者流动空间就是景观隐喻的例子。设计师探索并创造各种隐喻，同时也会采用一些旧的方法有意识地抽象处理。例如以下流行的隐喻方式包括'母亲一般的自然''吹着口哨的风''懒惰的河流'。采用流行的方法的应用也有不足，即有可能产生平淡无奇、显而易见的隐喻会产生平庸的设计。采用崭新的隐喻方式会带来对景观的全新思考，同时激发出原创的形式与意义。"①

象征在形式的创造上同隐喻有相似之处，但也有根本的区别。同隐喻不同，象征是对与场所及其功能或历史直接相关以及在字义上相关的形式进行认真的有意识的抽象处理。"与几何、隐喻和象征相关的对自然形式的抽象与应用是产生设计灵感的丰富源泉。通过对自然形式以及植物、岩石、水体和景观在宏观和微观角度所具有的图案进行抽象处理，就可以赋予空间以形式。自然生长的过程，如植物的蔓延，也可以用来塑造空间；同时，也可以使建筑场所保留自然的特征。"②

在乡土人文景观中如何运用暗喻与象征手法？著者认为应该提取乡土

---

① 〔英〕凯瑟琳·蒂. 景观建筑的形式与肌理：图示导论 [M]. 袁海贝贝，译. 大连：大连理工大学出版社，2011：39.
② 〔英〕凯瑟琳·蒂. 景观建筑的形式与肌理：图示导论 [M]. 袁海贝贝，译. 大连：大连理工大学出版社，2011：41.

人文资源中具有代表性的文化元素，包括地形地貌、祠堂、寺庙、地域植物、地域动物、乡土民居建筑、乡土工艺等，并用新的景观设计方法表现出来。例如中国北方（山东等地）乡村建筑的曲坡型屋顶使人联想到中国传统的建筑文化，具有浓郁的中国传统特色。青山绿水在中国是比喻一个地方环境优美的代名词，山东省某些乡村建筑景观的灵感来源于本地青山绿水的自然生态环境。有的村村口青色岩石大门的前边是一条人工小河，桥边是青石凿成的书籍与笔墨，青石与流水的组合造型暗喻该村环境优美，书籍与笔墨象征此地人杰地灵。乡土景观中的隐喻象征手法是指通过营造会"说话"的景观来传达某一特定主题。这些表现手法的巧妙运用使得文化景观更富有层次感、故事感、美感以及哲理性，使乡土景观形象更为生动具体，富有韵味，耐人寻味。

在乡土人文景观设计中为了简化对象，使其更加精炼，会运用抽象手段对地域传统文化的元素进行处理。在处理过程中一般不会将乡土传统文化资源及其元素的原型与形式进行直接、完整的运用，而是采取抽象手段对文化资源及其元素进行处理。隐喻包含两方面，一是赋予事物的意义，二是事物呈现出的形象。隐喻本质上是一个在语义学理论基础之上展开的类似编码的过程，其研究的核心问题是文化元素的含义。当被抽象处理后的乡土文化元素隐喻了某种意义（如丰收、节俭、多子多孙、福禄寿等）时，则该元素就具备了隐喻性。

三、符号与提炼

符号可以包括以任何形式通过感觉来显示意义的全部现象，是人们共同约定用来指称一定对象的标志物。符号既是意义的载体、精神外化的呈现，又具有能被感知的客观形式。乡土景观不仅仅是乡土风景与乡土建筑，同时也是人类社会文化的一种载体，符号作为人文历史中情感表达的重要途径，可以成为景观设计表达的一种形式。符号化手法兼具象征与抽象手法特征，把符号设计融入乡土景观设计中能够给景观设计提供新颖、深邃的设计理念，充分发掘符号体系中包含的价值，可以提升景观的文化底蕴，丰富其蕴涵的信息。景观符号可以视为图像性模拟而成的直觉性符号。这种类型的景观符号，一般因由对某种事物的造型模拟而产生，如我国古代很多装饰纹样便是这种图像性符号。

　　符号学理论最初是由西方学者基于语言学和逻辑学提出的，现代符号学的创始人是索绪尔（Saussure）与皮尔斯（Peirce）。符号学一般是指研究符号的理论学科，研究对象是符号的本质、意义、变化规律、符号相互之间以及符号与人类活动之间的关系。德国哲学家、文化哲学创始人卡西尔（Ernst Cassirer）建立了一种象征哲学——文化符号论——作为普遍的"文化语法"。卡西尔认为人是符号的动物，文化是符号的形式，人类活动本质上是一种"符号"或"象征"活动。他认为同语言一样，艺术是从人类最原初经验的符号化——神话中分离出来的独立符号形式，艺术同其他的符号形式一样是人的一种行为方式和把握世界的方式。①

　　景观设计中的符号由于具有独特的形成背景，因而表现出独特性。一是景观符号必须具有认知性，即人们能够认识并理解符号的含义。如果景观设计中所用的符号没有人能够理解它的含义，那么这一符号就失去了它作为景观符号的意义与价值，成了景观不伦不类的累赘。二是景观符号必须具有普遍性。在景观中创作与运用的符号语言的受众群体是大众而非小众，在大多数情况下必须能被大众接受。特别是在乡土景观中的公共场地部分，如果某些符号违背了公众道德、认知水平，不能被清晰地分辨，那么这些景观符号就不宜被采用。三是景观符号必须具有约束性。任何语言、信息和符号都是在一定的文化背景下产生的，它们被理解的范围不是绝对的，而是相对的，只有具备相关文化背景的人才能准确地传达或者接

---

　　① 田盛颐．E·卡西尔和他的文化哲学 [J]．哲学动态，1987（10）：29－33．

受该符号需要传达的信息。因而在景观设计时，对于采用何种符号必须进行审慎论证。否则，轻则不受欢迎，重则产生严重的负面影响。在涉及少数民族景观与文化时应当更慎重，必须进行多轮次、大范围的论证。四是景观符号必须具有独特性。从某种角度而言独特性是艺术的生命，也是乡土景观设计的生命，没有独特价值的平庸景观是没有意义的。每一位乡土景观设计师都应该从独特性入手营造高质量的乡土景观。在实际乡土景观设计过程中，即使面对相同主题，也必须从本土出发，用不同的表现形式区分不同地域的乡土景观，体现符合地域文化与环境的特色。

在乡土人文景观设计中如何运用符号？著者认为应在对乡土文化资源及其元素深刻理解的基础上确定乡土景观符号，然后再以某种方式将其运用到景观之中。具有地域性特征的景观符号可以以一维、二维、三维甚至多维的方式进行展现。乡土景观符号的外在形式通常是直观的、感性的，符号本身所隐含的具有文化底蕴、历史背景的内在意义是间接的。从运用符号的方式而言，可以大体分为间接运用与直接运用。符号的间接运用是指符号设计者要为代表一种态度、一种文化立场、一种行为方式的符号找到一个合适的载体来表达。乡土文化资源及其文化元素可以是一种态度、农耕方式、习俗行为或者立场，要将其表现出来就需要找到一个适当的、有效的载体。寻找合适的载体是设计的重要部分，难度相对而言较大，能否找到合适载体有时候关系到景观的整体设计的成败。符号的直接运用是指景观以图形或形状为基础，所设计的乡土景观几乎等同于符号本身。例如，将整个景观设计成一个巨型玉米。在乡土景观设计的实践中，设计师会有意识地将几种元素组合、变形、揉搓，得到类似符号的图形，从而形成独具特色的景观外形，传达某种视觉语言。

符号的设计从某种角度而言就是一个提炼的过程。在乡土人文景观设计中提炼就是对传统乡土文化中最典型的文化元素进行提取，然后用一个简明扼要、富有意蕴的符号来表现。所选取的元素通常是乡土文化中最具有代表性的元素。提炼典型元素是一个汇总筛选的过程，而不是简单地对其原型的某种保留。从乡土景观元素中提炼出的应当是最能体现地域文化价值、文化意义的，具有典型性的东西。同时提炼符号也不是随意的，要遵循符号的语构学规则。在乡土景观设计实践中应当将乡土文化与现代设计元素相结合，设计出既能体现浓厚的地域文化气息又能适应现代社会的需求的景观，并赋予景观更强的象征性。

　　提炼的过程并不是完全抛弃文化元素而是在某些场合适当保留某些东西。保留是对具有乡土文化特色的元素原型进行保留，包括文化元素的外在形式与构成方式等。原型是指长期以来不断复制并将继续发挥同样功能的人类环境的形态或形式安排，可以被看作万能的。例如，长方形剧场就可以被看作一种原型，因为长期以来长方形剧场在不同的历史与环境背景下不断地呈现出相似的功能。为了加深在人们脑海中的印象，突出地域乡土特色，应当对乡土文化元素进行简洁处理，对其形式特征进行强化处理，去掉琐碎的细部或者不必要的部分。同时在遵循相关法则的前提下尽可能较为完整完善地、原汁原味地保留和传承传统文化元素语言。保留原型的处理方式虽然有保留乡土文化元素核心内涵的优点，但也有缺陷。例如，乡土文化元素的原型容易成为一种枷锁，为保留而保留，从而易导致景观设计缺乏创新。另外，一些文化元素可能在不同的历史阶段被赋予了不同的含义和表现形式，因此在乡土景观设计中需要甄别是对多个历史阶段还是其中的某个阶段的元素进行保留与提取。

四、借代与引借

　　景观设计中所指的借代源自文学的借代修辞手法。借代，顾名思义，是借一物来代替另一物出现。即使所说事物同其他事物没有类似点，只要中间还有不可分离的关系，作者也可借那关系事物的名称，来代替所说的事物。恰当地运用借代可以引人联想，使景观拥有形象突出、特点鲜明、精炼、具体生动的效果。借代的效果可以用十六字概括：以简代繁，以实代虚，以奇代凡，以事代情。借代的方法很多，主要有以下七种：一是以部分代整体，二是以特征代本体（即用借体"人或事物"的特征、标志去代替本体事物的名称），三是以具体代抽象，四是以工具代本体，五是以专用名称代泛称（用具有典型性的人或事物的专用名称代替本体事物的名称），六是以结果代原因，七是以形象代本体。

当乡土文化景观元素的外在表现形式和内在意义存在某种较强的关联，并且其意义的主体内容具有共同性与普遍性时，可以使用借代之方法。因为在创作符号时，借代表达最为直观，因而成为最为常用的手法之一。乡土景观中常常采用整体和局部借代两种方法。乡土景观设计中用来整体借代的文化元素一般具有极强的代表性和象征性，在图腾中的应用尤为明显。将符号中局部形式拿来引用，以局部代整体的手法是局部借代。在这一过程中，选取的局部要素必须具有很强的代表性，容易使人联想到整体的形式。例如，用一小段城墙符号来代替万里长城。景观设计中也可以选取一两个元素来代表整体。例如，用写满字的黑板表示教室，用一书架的书代表图书馆，用烟囱代表房屋，用十字架代表教堂或医院，用方向盘代表汽车等。借代虽然有表达直观的优点，但也有用法过于单一的局限性。通过现代视角、借用或引借的手法把乡土文化元素中的局部或片段应用到景观设计中，传递乡土文化的信息与韵味，不但能产生良好的视觉效果，而且能够唤醒人们深层次的记忆和场所感。

五、夸张与变化

夸张是为了达到某种表达效果的需要，对事物的形象、特征、作用、程度等方面的着意夸大或缩小的表现手法。夸张的根本目的是突出对象的本质特征，并将其放大处理。可以运用丰富的想象力在客观现实的基础上有目的地放大或缩小事物的形象特征，以增强表达效果。乡土景观中的夸张手法通常从对象的尺度、颜色等方面为切入点，用现代艺术手法放大元素的某些特征，适当地融入、强化新的内涵，使之成为新的象征，从而对人的感官产生巨大冲击力，目的是获得某种显著的视觉效果。例如，各个乡村的地标性建筑和雕塑。夸张法并不等于有失真实或不要事实，而是通过夸张的手法把事物的本质更好地体现出来。

乡土景观设计为了给人带来视觉上的强烈冲击，有时会通过设计师自身的想象力特意将乡土景观的某些文化元素按照一定比例进行夸大或缩小，如比例、特征、体量、颜色、线条等，以达到所需要的效果。例如，通过一定地域范围内乡村自然生态的农作物、蔬菜、水果元素来展现该地区农耕文化的地域特色。东北三省一些以农业丰产为特色的乡村建造的雕塑就是巨大的玉米形态。现代乡土景观设计必须结合时代审美需求，不仅要自然，而且要具有强烈的现代感，一些传统的设计理念与手法可以适当保留，但不要处处受其束缚。在创作过程中注意选择乡土文化元素中合适的部分进行夸张处理，力求给人们留下深刻印象。在采用夸张手法时也要注意与周围乡土环境相融合，避免出现夸张手法与周围乡土环境不协调的现象。在乡土景观设计中运用夸张手法需要注意以下几个方面：一是夸张不是浮夸，而是故意的、合理的夸大，所以不能失去生活的基础和根据；二是夸张不能和事实距离过近，否则会分不清事实和夸张后的事物；三是夸张要注意景观本身的特征，夸张的手法与运用思路要与景观相契合。

六、变异与易位

变异是生物学用语，指同种生物后代与前代、同代生物不同个体之间在形体特征、生理特征等方面所表现出来的差别，是生物繁衍后代的自然现象，是遗传的结果。时代发展和社会观念的变化使艺术与景观设计发生了巨大变化，越来越多光怪陆离的现代艺术、"后现代"艺术及景观的出现颠覆了传统的美学观念和艺术理解。1917 年，纽约筹办了一个大型独立艺术展，准备让艺术界最具才华的创意得到展示，给死气沉沉的美国艺术界提供一些活力和新鲜血液。艺术家马塞尔·杜尚（Marcel Duchamp）在展出一周前才迟迟寄来自己的参展作品：在第五大街一家器皿店里买来的一件陶瓷小便池，底部落款是一行字——R·莫特先生。这个所谓的艺术作品被题名为"喷泉"，它的出现引发了艺术界的大讨论，进而就是艺术标准、艺术观念和整个学科体系的大震动。如今它成了艺术史上最著名的作品之一。这一现象可以视为艺术的变异，其中包括创作手法、审美观念、艺术范围的变异。

　　乡土景观设计中的变异手法是指在乡土景观设计表达过程中改变乡土文化元素某种功能的设计手法。变异手法常常给人一种奇特、眼前一亮的景观感受。变异在现代景观设计中是一种较为常用的手法，主要在以新科技、新材料和新理念对景观进行改造、二次加工的同时保留景观原有特色。马车、牛车等是农耕社会一种常见的交通工具，是乡土文化元素。在现代乡土景观中如何利用这种乡土文化元素呢？有些景观设计师将古代马车或牛车的轮子或者车架，作为一种元素单独拿出来，将其安放在景观的某一位置上，如挂在墙上、景观入口两侧或其他位置上，让其发挥特别的景观作用，并与其他景观元素组合后形成新的景观效果。这种手法就是变异手法。创意和改造是变异手法的根本。在运用变异手法时，应当避免盲目哗众取宠，而是采用"有机更新"的方法进行创造，让变异手法显得既惊奇又自然，符合人们新颖的审美观，让乡土景观富有生命力，让人感到耳目一新。景观设计手法源于传统，但景观设计的表现过程不一定是再现传统，应体现多元文化下的时代特征。

　　易位顾名思义就是位置的移动或转换。乡土景观中的易位就是依据现代需求、时代的审美意识，将乡土景观中传统的、整体的景观样式和原来的景观语言等打散，然后进行重新定位。设计师在对乡土文化元素进行易位处理时应以概括性的语言描述文化元素，以此来满足功能性需求，并以追求功能最大化为前提条件。在进行易位时，首先我们必须对景观的外观造型、部件构造等方面进行深入研究，了解各文化元素在功能、美学等方面的代表性特征，然后再对具体元素的易位进行假设性规划，在确定易位满足设计效果的前提下才可进行易位。在易位过程中要把握好乡土文化的内涵，把有代表性的因子展现出来。抓住乡土文化的精华，提取乡土文化中具有代表性的元素进行易位，以求获得最佳效果。

七、取舍与叠合

　　取舍与叠合是乡土景观设计的一种技巧。取其精华，去其糟粕，意思是吸取事物中最好的东西，舍弃事物中坏的、无用的东西。对于乡土景观而言就是要从原有的传统乡土景观中提取优秀有益的精彩部分，再融合到新景观中，让新旧乡土景观元素相互结合，共同成为景观的一部分；舍去其糟粕或者不适应时代要求的元素，以延续乡土文化的内涵，保留特色元素，让新老景观相互协调。叠合，顾名思义就是将不同元素叠加、组合在一起的一种手法。乡土景观的叠合手法就是将选取出的有价值的乡土文化元素与外来的或具有时代特征的其他文化元素通过叠加、组合等方式进行搭配，并由此产生审美效果更佳、更能凸显乡土与时代特色的乡土景观。这种叠合手法是建立在对乡土文化元素正确取舍的基础之上的。①

　　随着时代发展，人们的审美能力不断提高，不断吸收多元文化而形成的新的样式是乡土景观设计与营造的客观要求。取舍和叠合不但是解决乡土景观传承与更新的一种有效途径，而且也是一种常用的设计手法，特别是对于乡土景观而言，完全创新的设计手法是难以想象的，继承传统、沿用乡土文化元素是设计出优秀作品的前提条件。

---

　　①　赵榕. 当代西方建筑新范式研究［M］. 上海：同济大学出版社，2012：158.

八、空间布局与营造

空间是与时间相对的一种物质客观存在形式。它是物体存在、运动的（有限或无限的）场所，即三维区域，或可称为"三维空间"。本质上讲，景观特别是乡土景观要涉及土地的组织和划分，而空间就是这种划分的结果，因而也是设计的基本手段。空间可以满足人类各种不同的使用需求，并带来观赏景观的愉悦心情。单从景观的角度可以将空间定义为：人类自身为了达到生产生活的各种目的，从而封闭、界定或使用的一片土地；景观建筑的一种媒介和概念；室外活动的场所或场地；一个或多个封闭体；形式或是集合的反面。为了设计的需要，景观空间可以被认为是由以下介质定义出来的一个三维区域：地面、"墙面"或垂直平面、"天空"平面。

作为一个相对独立的地域空间，"五里不同风，十里不同俗"体现了乡土景观的风貌特征。乡土景观空间布局既要符合景观可持续设计的基本形式与原则，又要符合乡土地域文化特色。空间对比与变化是一种比较常见的中国传统园林景观设计手法。景观的空间对比能够产生很强的视觉冲击力，能够激发人们的探索心理。例如《红楼梦》中大观园本身是贾府为了迎接元妃省亲而建造的宅子，从第十七回贾政带着清客游览大观园并乘机考校宝玉的过程之中，我们能够大致窥得大观园的内部构造，具体就是正门、叠嶂、沁芳亭、潇湘馆、稻香村、蘅芜苑、怡红院等。到了后期刘姥姥进大观园时，曹雪芹又对其中的细节进行了补充，如秋爽斋、荇叶渚、栊翠庵等。而对这些地方的描写并不是简单的刻画，而是采用了正反两面的方式。比如说在最开始的时候，对潇湘馆是有一个直观正面刻画的："只见入门便是曲折游廊……有大株梨花兼着芭蕉……后院墙下忽开一隙，清泉一派，开沟仅尺许，灌入墙内，绕阶缘屋至前院，盘旋竹下而出。"不同空间的组合方式，空间与空间之间要有对比关系以达到引人入胜的目的。大观园的空间布局与变化达到了这种效果。"复行数十步，豁

然开朗 ”，景观空间局部的强烈对比与整体保持和谐统一也是一种成熟的塑造手法。"园有异宜，构园无格 ”是指在进行景观空间设计时，空间对比与变化没有固定的模式法度，但"无法"并不是没有法则，而是强调不模仿抄袭别人，要用自己的风格，在景观设计中要根据实际情况进行空间布局与变化的设计。

空间的过渡与衔接在乡土景观设计中非常重要，处理好乡土空间与空间之间的衔接关系能使空间与空间之间的连接错落有致、富有韵律。否则，会给人一种突兀的感觉，无法让人产生回味的感觉，也经不起推敲。乡土景观中的每个空间，无论是空旷的场地还是室内空间，都具有自己独特的功能，因而要处理好空间之间的衔接关系，避免空间上的零散，才能使各个部分的功能有机衔接起来，从而形成一个有机整体，实现整体功能的最大化。

街道是"街"与"道"的合称，指乡村或城镇中的道路，而且此类道路两边有连续不断的房屋建筑。在乡土景观中，街道是一个起连接作用的独立空间，也可以称之为过渡空间。在景观空间里，过渡空间也被视为交通空间，主要起连接的作用，将其他的空间（如房屋、庭院、乡村公共场地等）连接起来。连接或过渡空间在景观中要给人一种徐缓渐进的舒适感，尽量自然地将其他空间的元素融入街道空间，不应该让人产生突兀或牵强之意。乡村中人们一般重视街道的实用性或功能性，但在乡土景观中街道的实用性可以适当弱化，在景观的设计中可以利用街道引领人们渐入佳境，获得一种美的感受。应将其作为首要的设计因素来考量，而不是简单地强调其实用功能。

乡土人文景观必须有地域乡土文化特色，因而将乡土文化元素进行移位、变形等艺术加工后融入乡土景观空间，是乡土人文景观对空间与文化的基本要求。以乡土文化为出发点，依据多元文化的时代特征营造具有乡土文化认同功能的景观空间也是乡土人文景观对空间与文化的基本要求。

乡村文化及其元素包罗万象，婚丧嫁娶习俗、故事传说、历史人物、地方戏曲等大都以非物质形态呈现出来，这些文化现象及文化元素难以用生动的具象在景观中表现出来，但如果通过对当地的生活场景、活动现场进行文化元素植入式的营造，让人深深感受到独特的乡土文化气息，便容易使人们不知不觉地产生对乡土文化的亲近感与认同感。因为他们能在具体的乡土文化中感受到传统文化。村民最常聚集的村落聚集区或者公共活动场所是最能体现村落乡土文化的空间，因而对于这些空间需要特别倾注心力。在乡土景观设计营造过程中，在符合当地民族特点与民俗风情前提下，可以通过复制、关联等手段来提取、融合乡土文化元素，以激发人们的乡愁与对过去的回忆。

参考文献

［1］费孝通．乡土中国［M］．北京：生活・读书・新知三联书店，1985.

［2］费孝通．费孝通论文化与文化自觉［M］．北京：群言出版社，2007.

［3］梁漱溟．乡村建设理论［M］．上海：上海人民出版社，2006.

［4］王云才．现代乡村景观旅游规划设计［M］．青岛：青岛出版社，2003.

［5］金其铭，董昕，张小林．乡村地理学［M］．南京：江苏教育出版社，1990.

［6］王兴中．旅游资源景观论［M］．西安：陕西科学技术出版社，1990.

［7］刘滨谊．风景景观工程体系化［M］．北京：中国建筑工业出版社，1990.

［8］肖笃宁，李秀珍，高峻．景观生态学［M］．北京：科学出版社，2003.

［9］刘黎明．乡村景观规划［M］．北京：中国农业大学出版社，2003.

［10］俞孔坚．景观：文化、生态与感知［M］．北京：科学出版社，

1998.

[11]〔加〕艾伦·卡尔松. 自然与景观［M］. 陈李波，译，长沙：湖南科学技术出版社，2006.

[12] 王婉飞. 浙江乡村旅游发展与创新［M］. 北京：北京大学出版社，2008.

[13] 杨世瑜，庞淑英，李云霞. 旅游景观学［M］. 天津：南开大学出版社，2008.

[14] 叶齐茂. 发达国家乡村建设考察与政策研究［M］. 北京：中国建筑工业出版社，2008.

[15]〔英〕凯瑟琳·蒂. 景观建筑的形式与肌理：图示导论［M］. 袁海贝贝，译. 大连：大连理工大学出版社，2011.

[16] 赵良. 景观设计［M］. 武汉：华中科技大学出版社，2009.

[17] 计成. 园冶（第 2 版）［M］. 北京：中国建筑工业出版社，1988.

[18] 王世仁. 王世仁建筑历史理论文集［M］. 北京：中国建筑工业出版社，2001.

[19] 宗白华. 园林艺术概观［M］. 南京：江苏人民出版社，1985.

[20] 任映红. 现代化进程中的村落文化［M］. 哈尔滨：黑龙江人民出版社，2005.

[21] 陈威. 景观新农村：乡村景观规划理论与方法［M］. 北京：中国电力出版社，2007.

[22] 徐文辉. 美丽乡村规划建设理论与实践［M］. 北京：中国社会出版社，2016.

[23] 王向荣. 西方现代景观设计理论与实践［M］. 北京：中国建筑工业出版社，2005.

[24] 陈伯超. 景观设计学［M］. 武汉：华中科技大学出版社，

2010.

　　[25] 朱淳，张力. 景观建筑史 [M]. 济南：山东美术出版社，2012.

　　[26] 徐潜. 古代耕织与劳作 [M]. 长春：吉林文史出版社，2014.

　　[27] 赵榕. 当代西方建筑新范式研究 [M]. 上海：同济大学出版社，2012.

　　[28] 汤晓敏，王云. 景观艺术学 [M]. 上海：上海交通大学出版社，2009.

　　[29] 张萌萌. 东方文明的光辉——中华农业 [M]. 长春：吉林出版集团有限责任公司，2012.

　　[30]〔美〕迈克尔·伍兹，玛丽·B. 伍兹. 古代农业技术 [M]. 王思扬，译. 上海：上海科学技术文献出版社，2013.

　　[31] 曹林娣. 东方园林审美论 [M]. 北京：中国建筑工业出版社，2012.

　　[32] 顾馥. 现代景观设计学 [M]. 武汉：华中科技大学出版社，2010.

　　[33]〔美〕丹尼尔·威廉姆斯. 可持续设计：生态、建筑和规划 [M]. 孙晓辉，李德新，译. 武汉：华中科技大学出版社，2015.

　　[34] 李静，等. 城市化进程与乡村叙事的文化互动 [M]. 北京：中国社会科学出版社，2015.

　　[35]〔美〕约翰·布林克霍夫·杰克逊. 发现乡土景观 [M]. 北京：商务印书馆，2016.

　　[36] 潘鲁生. 美在乡村 [M]. 济南：山东教育出版社，2019.

　　[37] 王南希，陆琦. 乡村景观价值评价要素及可持续发展方法研究 [J]. 风景园林，2015（12）：74－79.

　　[38] 薛俊菲，马涛，施宁菊，等. 美丽乡村农业景观体系分类构

建——以南京市桦墅村为例［J］．安徽农业科学，2019，47（22）：128－133．

［39］刘雷，牛任远，郑嫣然，等．乡村振兴背景下的农业大地景观设计手法［J］．浙江农业科学，2019，60（09）：1623－1627，1630．

［40］陈昕昊，杨小军．乡村振兴背景下休闲农业景观营造模式与方法——以丽水地区为例［J］．经营与管理，2018（12）：135－138．

［41］冯娴慧，戴光全．乡村旅游开发中农业景观特质性的保护研究［J］．旅游学刊，2012，27（8）：104－111．

［42］赵东燕．乡村景观在风景园林规划设计中的融入［J］．现代园艺，2015（2）：83．

［43］冯骥才．传统村落的困境与出路——兼谈传统村落是另一类文化遗产［J］．民间文化论坛，2013（1）：7－12．

［44］周年兴，俞孔坚，黄震方．关注遗产保护的新动向：文化景观［J］．人文地理，2006（5）：61－65．

［45］孙新旺，王浩，李娴．乡土与园林—乡土景观元素在园林中的运用［J］．中国园林，2008（8）：37－40．

［46］罗明金．新农建设中以乡土文化传承来保护湘西民族传统村落研究［J］．西南民族大学学报（人文社科版），2016，37（12）：66－69．

［47］张晶晶，吴晓华．乡土建筑元素在乡村景观设计中的再生与应用［J］．山西建筑，2017，43（29）：25－26．

［48］何博．论乡土文化在新农村人居环境设计中的运用［J］．山西建筑，2014，40（28）：17－19．

［49］肖花．湘西乡土建筑装饰中鱼类元素运用及文化解析［J］．设计艺术（山东工艺美术学院学报），2017（2）：38－41．

［50］刘新艳，樊俊喜，邹志荣．乡土景观元素的表达手法研究［J］．中国园林，2012，28（2）：49－52．

[51] 吴曼，朱宇婷，曹磊. 特色旅游小镇生态景观艺术设计研究 [J]. 艺术百家，2017，33 (4)：233-234.

[52] 丛昕，董婧. 从山水田园诗看乡村景观意象的营造 [J]. 艺术百家，2013，29 (S1)：105-108.

[53] 曹磊. 基于文化传承的园林景观设计理论 [J]. 艺术评论，2018 (5)：161-165.

[54] 唐州圆. 探究乡土文化在乡村景观规划设计中的保护与传承 [J]. 现代园艺，2018 (16)：97-98.

[55] 洪子臻，江晨昊，郑文俊. 本土性传承与现代性适应结合的新乡土景观营造探析——以杭州市富阳区洞桥镇文村为例 [J]. 建筑与文化，2018 (3)：135-136.

[56] 吴王锁，马军山，郭竹林. 乡村花展景区乡土景观营造机制探析——以长兴县北汤村为例 [J]. 山东林业科技，2017，47 (2)：132-135，138.

[57] 张崇，张定青，王朝霞. 城市文物古迹周边建筑群体空间的视线设计研究——以运城池神庙周边片区规划设计为例 [J]. 华中建筑，2013，31 (10)：93-96.

[58] 邓小艳. 文化传承视野下社区参与非物质文化遗产旅游开发的思路探讨 [J]. 广西民族研究，2012 (1)：180-184.

[59] 丁玲. 浅析新农村建设中传统文化的保护和发展——以桂北少数民族村落为例 [J]. 广西城镇建设，2011 (5)：41-44.

[60] 杜超群. 古村落保护与开发的现状及问题研究——以赣县白鹭为例 [J]. 云南农业大学学报（社会科学版），2014，8 (3)：27-31.

[61] 姜错，徐兆云. 融合文化元素建设"美丽乡村" [J]. 新农村，2011 (11)：8-11.

[62] 李开沛. 非物质文化遗产保护与新农村建设关系研究 [J]. 中

华文化论坛, 2012, 2 (02): 154 - 158.

[63] 卢渊, 李颖, 宋攀. 乡土文化在"美丽乡村"建设中的保护与传承 [J]. 西北农林科技大学学报（社会科学版）, 2016, 16 (3): 69 - 74.

[64] 王艳, 淳悦峻. 城镇化进程中农村优秀传统文化保护与开发问题自议 [J]. 山东社会科学, 2014 (6).

[65] 王卫星. 美丽乡村建设: 现状与对策 [J]. 华中师范大学学报（人文社会科学版）, 2014, 53 (1): 1 - 6.

[66] 肖庆华, 桑圣毅. 文化消费视野下贵州民族民间文化传承与发展 [J]. 贵州社会科学, 2012 (4): 133 - 136.

[67] 朱丹丹, 张玉钧. 旅游对乡村文化传承的影响研究综述 [J]. 北京林业大学学报: 社会科学版, 2008 (2): 58 - 62.

[68] 林箐, 王向荣. 风景园林与文化 [J]. 中国园林, 2009, 25 (9): 19 - 23.

[69] 陈秋红. 美丽乡村建设研究与实践进展综述 [J]. 学习与实践, 2014 (6): 107 - 116.

[70] 刘春兰. 新农村建设中乡土文化的价值开发与制度 [J]. 理论界, 2008 (11): 62.

[71] 张波波. 当前我国乡村文化建设问题研究 [D]. 济南: 齐鲁工业大学, 2014.

[72] 胡鸥. 美丽乡村建设的乡土特色研究——以台州市黄岩区富山乡为例 [D]. 南京: 南京农业大学, 2014.

[73] 庄能红. 社会主义新农村生态文明建设的路径研究——以福建省美丽乡村建设为例 [D]. 福州: 福建农林大学, 2014.

[74] 陈崇贤. 乡土文化在乡村景观规划设计中的保护与传承 [D]. 北京: 北京林业大学, 2011.

［75］张宗明. 新农村建设视域下土族乡土文化传承研究［D］. 西宁：青海大学，2016.

［76］张梦洁. 美丽乡村建设中的文化保护与传承问题研究［D］. 福州：福建农林大学，2016.

［77］姜锋. 胶东半岛传统建筑形态与空间布局研究［D］. 天津：天津大学，2009.

［78］王祝根. 胶东传统民居环境保护性设计研究——以文登营村新农村居住环境设计为例［D］. 武汉：华中科技大学，2007.

［79］杨展宏. 西安市遗址公园景观设计与综合评价研究［D］. 咸阳：西北农林科技大学，2016.

［80］段俊涛. 文脉延续视角下景观设计元素在遗址公园中运用的审视［D］. 西安：西安建筑科技大学，2013.

［81］朱金良. 当代中国新乡土建筑创作实践研究［D］. 上海：同济大学，2006.

［82］王韬. 晋东南古村落景观系统保护与发展研究——以砥洎城、蒿峪、寨后为例［D］. 西安：西安建筑科技大学，2014.

［83］刘亚宁. 乡土文化视角下苏南乡村景观整治策略研究［D］. 苏州：苏州科技大学，2017.

［84］翟永真. 乡村文化旅游景观设计中的地域文化研究［D］. 西安：西安建筑科技大学，2015.

［85］闻佳. 特色农业观光园景观设计研究——以合肥市为例［D］. 合肥：合肥工业大学，2010.

［86］郑丹丹. 乡土景观的整合与利用研究［D］. 南京：南京林业大学，2009.

［87］李昉. 乡土化景观研究——以江南地区为例［D］. 南京：南京林业大学，2007.

［88］ 史伟. 对乡村景观环境设计的探讨——以荣成市烟墩角村的景观规划为例［D］. 青岛：青岛大学，2008.

［89］ 李丙发. 城市公园中地域文化的表达［D］. 北京：北京林业大学，2010.

［90］ MANDER U, JONGMAN R. Human impact on rural landscapes in central and northern Europe［J］. Landscape and urban planning, 1998, 41（3/4）：149 – 153. .

［91］ LIPSKY Z. The changing face of Czech rural landscape［J］. Landscape and urban planning, 1995, 31（1 – 3）：39 – 45.

［92］ HOLDEN R. New landscape design［M］. Princeton：Architectural Press, 2003

［93］ MANDER U, MIKK M, KULVIK M. Ecological and low intensity agriculture as contributors to landscape and biological diversity［J］. Landscape and urban planning, 1999, 46（1/3）：169 – 177.

［94］ FRENKEL A. The potential effect of national growth – management policy on urban sprawl and the depletion of open spaces and farmland［J］. Land use policy, 2004, 21（4）：357 – 369.

［95］ PALANG H, MANDER U, LUND A. Landscape diversity changes in Estonia［J］. Landscape and urban planning, 1998, 41（3/4）：163 – 169.

［96］ LASSAR T J, PORTER D R. The Power of ideas：five people who changed the urban landscape［M］. Washington：Urban Land Institute, 2005.

［97］ FAIRBROTHER N. The nature of landscape design［M］. Princeton：Architectural Press, 1974.

［98］ MOSELEY M J. Conflict and change in the countryside［M］. London：Belhavan Press, 1990.

［99］ LYNCH K. The Image of the city［M］. Cambridge：The MIT Press,

1960.

[100] FORMAN R T T. Landscape ecology [M] . New York: Wiley, 1986.

[101] NAZEH Z. Interaction of landscape cultures [J] . Landscape and urban plannin, 1995, 32 (1): 43 –54.

[102] BARNWELL B, LANE B. Rural tourism and sustainable rural development [J] . Tourism management, 1995, 16 (4): 329.